室内设计与平面艺术

蔡汉忠　牛笑一　著

中国纺织出版社

图书在版编目（CIP）数据

室内设计与平面艺术 / 蔡汉忠，牛笑一著．-- 北京：中国纺织出版社，2018.7（2022.1 重印）
ISBN 978-7-5180-4559-4

Ⅰ．①室… Ⅱ．①蔡… ②牛… Ⅲ．①室内装饰设计 Ⅳ．① TU238.2

中国版本图书馆 CIP 数据核字（2018）第 001365 号

责任编辑：汤　浩　　**责任印制**：储志伟

中国纺织出版社出版发行
地　　址：北京市朝阳区百子湾东里 A407 号楼　**邮政编码**：100124
销售电话：010-67004422　　**传真**：010-87155801
http://www.c-textilep.com
E-mail: faxing@c-textilep.com
中国纺织出版社天猫旗舰店
官方微博 http://weibo.com/2119887771
北京虎彩文化传播有限公司　各地新华书店经销
2018 年 7 月第 1 版　2022 年 1 月 第 12 次印刷
开　　本：787 × 1092　1/16　**印张**：14.125
字　　数：230 千字　**定价**：64.00 元

前　言

随着我国经济的不断发展，人民物质与文化生活水平不断提高，对建筑内部环境的改善和美化已成为新的消费需求。这个新的消费市场散发出巨大的经济能量，近些年，中国建筑装饰行业蓬勃发展，行业产值年年提升，年平均增长率大部分都在10%以上。随着科技的发展，室内设计行业也呈现出高技术、高附加值等特点，并且创意设计产业与实体经济的融合不断加速，现在正在迅速发展。室内设计行业经过长时间的发展，迅速完成了由建筑业的一个细分领域向一个相对独立的行业演进的过程，并已经形成了居室建筑室内设计与公共建筑室内设计齐头并进的格局。据不完全统计，现在国内大大小小的室内设计企业有几十万家，从业人员将近两千万。

设计是有目的的策划，平面设计是这些策划将要采取的形式之一。平面设计作为艺术设计范畴中的一个重要组成部分，几乎无处不在，无时不在。平面设计以“视觉”作为沟通和表现的方式，通过多种方式来创造和结合符号、图片与文字，传达想法或讯息。在平面设计中，需要运用视觉元素来传播设计者的设想和计划，用文字和图形把信息传达给受众，让人们通过这些视觉元素了解设计师的设想和计划。不论是广告设计、书籍设计、标志设计、包装设计、企业整体形象设计，还是当代影像、电子读物、网页等视觉媒介设计，在其画面中，充满智慧的图形创意，画龙点睛的字体效应，和谐、悦目的色彩视觉，灵活多变的形式魔方。

现代室内设计追求的是舒适，更具有人文性。在这样的大环境下，室内设计与平面设计逐渐融合，为人们的生活、工作、娱乐等活动创造出更加舒适的环境。

本书着眼于当前受人们普遍关注的室内设计与平面艺术两个领域，从多方面探讨和介绍了室内设计与平面艺术的基础知识与实践。本书将这两个方面的内容分为上下两篇进行论述。上篇室内设计讨论了其界面设计造型的原则、采光和照明艺术以及室内设计对色彩和材料的要求和布置，现在的社会需求中健康、环保是非常重要的组成部分，所以，本书就室内的绿化设计进行了介绍，并给出了绿化设计的建议。下篇介绍平面设计艺术，在介绍平面设计的基础知识理论的同时，重点介绍了平面设计艺术的应用实践，并讨论了平面设计艺术在室内设计中的应用。

本书内容由浅入深，理论与实践相结合，非常适合室内设计以及平面艺术领域的学习者参考学习，室内设计以及平面艺术领域的工作者、研究者以及爱好者也可以从本书中获益。由于篇幅和作者知识有限，本书难免会有谬误，欢迎广大读者指正。

作者

2017 年 7 月

CONTENTS 目录

上篇　室内设计

下篇　平面设计艺术

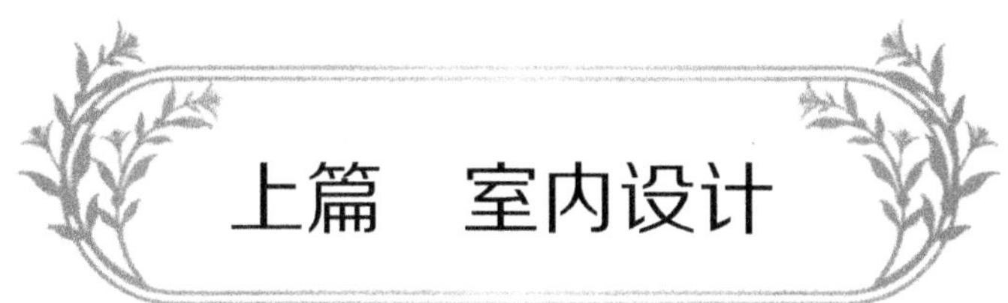

上篇　室内设计

现代室内设计是人类科学技术和文化艺术高度发展的产物。它既是一门为人类创造良好室内环境的特殊艺术，又是一门融合着美学的科学技术，是功能实用性和审美艺术性的统一体。现代室内设计既能反映出一个国家的经济文化发展水平，也能反映出一个民族的历史文化传统。

对于室内设计来说，总的立意和构思十分重要，这样才有可能按照一定的指导思想和预期目标，以及形式美学的根本法则（包括统一、对比等基本法则，对位、对应、均衡等一般法则），对设计的不同部分进行统筹安排。本篇就对室内设计的相关元素进行论述。

第一章　室内设计概述

室内设计以创造满足人们物质和精神生活所需的室内环境为目的，它是建筑设计的继续和深化，也是对室内空间环境的再创造；是人类创造并美化自己生存环境的活动之一，也是物质文明与精神文明有机结合的具体体现。室内设计从一个侧面反映出相应时期社会物质和精神生活的特征，具有鲜明的时代特征。

第一节　室内设计的含义

一、室内设计的定义

人类社会从原始部落发展到具有高度文明的今天，对自身的生存和生活环境品质的改善总在进行孜孜不倦的追求。考古学向我们揭示了早在旧石器时代晚期原始人居住的洞穴里，先民们就会选择和利用天然形成的高低大小不等的石头来充当桌、凳、床，满足生活的基本功能需要；他们在石壁上作画，不仅记录生活状态，同时起到美化石穴内部环境的作用。而从现存的古埃及、古希腊、古罗马的石砌建筑遗迹，古印度的石窟建筑和中国古代木构建筑遗迹中，我们也不难发现，当先民们学会为自己建造遮风挡雨的居住建筑或为敬奉的神灵建造祭祀宗教建筑时，装饰就和建筑主体紧密地结合为一体，以绘画、雕刻、雕塑等形式存在，而且多与建筑结构构件融合在一起，这些装饰主要是由建筑师、画家、雕塑家或是匠人来完成的。

在欧洲，到17世纪初的巴洛克建筑时期，出现了室内装饰与建筑师行业的分离。建筑和营造技术的成熟，使得大量建筑的使用年限大大延长，而室内环境的使用周期相对较短，需要每隔一定年限就对建筑内部进行重新粉饰或改装。“装饰工匠”的名称出现在法国宫廷建筑和贵族宅邸的营建活动中，他们按照雇主对样式的要求，在不改动建筑主体结构的前提下，对室内空间进行改装，从而推动了室内装饰风格的流变。近代工业革命引发的对建筑新形式、新技术、新材料的探索，推动了混凝土建筑的发展。这种建筑方式“不仅使室内装饰从建筑主体中脱离开来，而且发展成为不依附于建筑主体而相对独立进行生产制作的部分”。19世纪下半叶至20世纪的折中主义，19世纪下半叶起的工艺美术运动，19世纪末到20世纪初的新艺术运动、德国的“青年风格派”以维也纳为中心的“分离派”美国的芝加哥学派，20世纪二三十年代的装饰艺术运动等，伴随着各种新的建筑类型的涌现，众多的建筑师在他们所设计的建筑内部空间演绎着与建筑风格一脉相承的精彩，在历史上留下了珍贵的范例。室内装饰行业作为一个被社会承认的、为他人提供装潢设计的行业，应从19世纪末算起。

美国有位曾经是演员的公众人物埃尔西·德·沃尔夫（Elsie de Wolfe）被认为是第一位成功的专业室内装饰师，她不仅熟谙各个时期的传统风格，能娴熟地将多种设计元素加以合理布置和安排，为客户提供色彩或织物搭配的意见，也擅长搭配家具、地毯和其他装饰品。1913年，她出版了《高品位住宅》一书。有趣的是，以沃尔夫为代表的早期室内装饰师多为一些“有品位的女士”，她们没有受过系统的建筑设计或是艺术设计教育，这使她们的服务停留在个人经验上，并且多以表面装饰为主。

随着包豪斯（Bauhaus）学派“形式追随功能”的建筑设计观念引领着现代主义建筑走向全球，“室内装饰”逐渐衰落，而与建筑空间和结构相关的“室内设计”站到了历史舞台的前沿。在强调使用功能而把造型单纯化、装饰简化甚至摒弃装饰的设计思想影响下，室内设计把使用功能以合理性与逻辑性的形式表现放在最重要的地位，即空间规划、功能和结构设计，以及室内音响、灯光等技术要求，设计更实用，也更平民化。从业人员被称为“室内设计师”或“室内建筑师”，他们在设计中更多地考虑如何运用新材料、新技术表现新创意。

室内设计的发展极大地受到建筑设计的影响，当现代主义建筑走向极端，由于缺乏人情味和千篇一律而引起人们的厌倦时，在室内空间中，人们也开始重新在历史样式中寻求寄托，对各种多元的、复杂的，甚至是矛盾的形式和装饰表现出越来越浓厚的兴趣。渐渐地，“室内装饰”重新获得生命。近年来，室内装饰和室内设计的界限在淡化，更为公众和专业人士所接受的室内设计师不仅需要对客户需求进行分析和确定，对建筑的室内空间进行合理规划，对各界面及装饰进行处理，对室内物理环境进行设计，而且也需要根据客户对生活品位的追求来把握整体装饰风格，搭配色彩，选配家具、照明灯具、装饰织物、艺术陈设品、绿化等，同时还需要在整个装饰工程实施过程中提供特殊做法指导，监督施工质量和确保最终装饰效果的服务。

现代室内设计，亦称室内环境设计，是根据建筑物的使用性质、所处环境、使用人群的物质与精神要求、建造的经济标准等条件，运用一定的物质技术手段、美学原理和文化内涵来创造安全、健康、舒适、优美、绿色、环保，符合人的生理及心理要求，满足人们各方面生活需要的内部空间环境的设计，是空间环境设计系统中与人关系最直接、最密切和最主要的方面。

二、室内设计的分类

室内功能所涉及的内容与室内的类型和人的日常生活方式有着最直接的关系，每一类空间都有明确的功能，这些不同的功能构成并决定了室内设计概念的确立。也就是说，室内设计造型风格的确定，材质、色彩和照明的考虑以及装饰的选用，无不与所设计的室内空间的使用性质、审美需要等设计功能紧密联系在一起。

(一) 按空间使用性质区分

按空间使用性质区分包括居住空间、工作空间、公共空间。

居住空间在建筑类型上有单体平房、平房组合庭院、单体楼房、楼房组合庭院，以及综合群组等样式；在使用类型上有单间住宅、单元住宅、成套公寓、景园别墅、成组庄园等形式。

工作空间的建筑类型相对简单，一类为管理人员工作的办公楼，一类为功能性较强的厂房车间，其使用类型则由以功能为主进行分区的不同空间来界定。

公共空间是内容最为丰富的一类，建筑形式变化多样，使用类型复杂多元，如商场、饭店、餐厅、酒家、娱乐场、影剧院、体育馆、会堂、展览馆，等等。

（二）按生活和行为方式区分

按生活和行为方式区分包括：

动态空间：娱乐空间、运动空间、餐饮空间、购物空间、劳作空间，等等；

静态空间：睡眠空间、休息空间，等等；

中介空间：会议空间、洽谈空间，等等。

按生活和行为方式来区分内容，便于明确把握空间的行为要求和确定空间的总体布局和各功能空间位置。

（三）按空间构成特点区分

按空间构成特点区分包括：静态封闭空间、动态开敞空间、虚拟流动空间。按空间围合形式的差异特点构成的这三种形式区分，让我们能够从空间的本质特征来营造符合功能与审美要求的环境。

（四）按空间环境系统区分

按空间环境系统区分包括：照明系统，电气系统，给、排水系统，空调系统，信息系统，声学系统，消防系统。

针对自然界本身的变异以及人造的环境而设置的空间物件与设备，它们组成了不同的室内环境系统，使我们能够有目的按部就班地考察各个系统，从而为设置满足人在空间中的这些生理需求做出合理的计划。

三、室内设计的内容

现代室内设计是一门跨学科的综合性较强的专业，其涵盖面很广，可以归纳为以下几个部分：

（一）室内空间的组织、调整、创造或再创造

即对所需要设计的建筑的内部空间进行处理，组织空间秩序，合理安排空间的主次、转承、衔接、对比、统一；在原建筑设计的基础上完善空间

的尺度和比例，通过界面围合、限定及造型来重塑空间形态。

（二）功能分析、平面布局与调整

就是根据既定空间的使用人群，从年龄、性别、职业、生活习俗、宗教信仰、文化背景等多方面入手分析，确定其对室内空间的使用功能要求及心理需求，从而通过平面布局及家具与设施的布置来满足物质及精神的功能要求。

（三）界面设计

界面设计，是指对于围合或限定空间的墙面、地面、天花等的造型、形式、色彩、材质、图案、肌理等视觉要素进行设计，同时也需要很好地处理装饰构造，通过一定的技术手段使界面的视觉要素以安全合理、精致、耐久的方式呈现。

（四）室内物理环境设计

即为使用者提供舒适的采暖、通风、空气调节等室内体感气候环境，采光、照明等光环境，隔音、吸声、音质效果等声环境，以及为使用者提供安全的防盗报警、门警、闭路电视监视、安保巡更系统、火灾报警与消防联动系统、紧急广播、紧急呼叫等系统，为使用者提供便捷性服务的结构化综合布线、信息传输、通信网络、办公自动化系统、物业管理系统等。这是现代室内设计中极其重要的一个内容，是确保室内空间与环境安全、舒适、高效利用必不可少的一环。随着科技的发展及在智能建筑领域的应用拓展，它将越来越多地提高人们生活、工作、学习、娱乐的环境品质。

（五）室内陈设艺术设计

室内的陈设艺术设计包括家具、灯具、装饰织物、艺术陈设品、绿化等的设计或选配、布置等。在当今的室内设计中，陈设艺术设计起到软化室内空间、营造艺术氛围、体现个性化品位与格调的作用，并且往往是整体装饰效果中画龙点睛的一笔。

以上五个方面的内容对于室内设计来说并不是孤立存在的，而是相互影响、互为依存的。例如，在研究室内空间的组织、塑造其空间形态时，应该同时进行功能分析，并使室内空间在满足一定使用要求的同时，尽可能地体现艺术审美价值和文化内涵。又如，空间的立体造型是靠地面、墙面、顶面等界面围合或限定而成的，所以界面的设计直接影响到整个空间的视觉形象。再如，空间的色彩设计是以装饰材料为物化介质来表现的，光环境又会改变色彩的真实感和表现力，对空间感又能起到扩大或缩小、活跃或压抑、温暖或冷静等改性作用。因此，室内设计无疑是对建筑内部空间所涵盖的众多元素的综合设计和再创造。

四、室内设计的基本特征

从室内设计与装饰的历史发展，以及现代室内设计所涉及的内容来看，我们可以归纳出其基本特征：

(一) 目的性

以满足人的需求为出发点和目标，“以人为本”的理念应贯穿设计的全过程。

(二) 物质性

室内环境的实现是以视觉形式为表现方式，以物质技术手段为依托和保障，特别离不开材质、工艺、设备、设施等的物质支持，科技的进步为设计师和业主提供了更多的选择，从而有可能带来室内设计的变革。

(三) 艺术性

室内设计的过程和结果得通过一定的艺术表现形式来体现一定的审美情趣，创造出具有艺术表现力和感染力的空间及形象，视觉的愉悦感和文化内涵是室内设计在心理和精神层面上的要求。现代室内设计由于得到科技和物质手段的支持，在艺术领域的尝试与探索变得有更多的可能，有更多的设计作品以前所未有的艺术造型与形式呈现在我们面前。

(四) 综合整体性

室内设计各要素相互影响、互为依存、共同作用，既要考虑人与空间、人与物、空间与空间、物与空间、物与物之间的相互关系，又要把握技术与艺术、理性与感性、物质与精神、功能与风格、美学与文化、空间与时间等诸多层次的协调与整合。这就要求室内设计师不仅仅具备空间造型能力或是功能组织能力，更需要多方面的知识和素养。同时，室内设计是环境艺术链中的一环，设计师应该培养并加强环境整体观。

(五) 动态可变性

建筑的室内环境随着时间的推移，在使用功能、使用对象、审美观念、环境品质标准、配套设施设备、相应规范等多方面都必然发生变化，因而室内设计呈现出周期性更替的动态可变性。

第二节　室内设计的发展

人类社会的发展是从低级向高级逐渐演变的，各门学科也是从初级向高级发展的。了解历史不仅使我们知道过去，还可以为现在提供经验和教训，更可以为人类创造未来服务。

一、中国室内设计的发展

在原始社会，人们主要是穴居、巢居，后来有方形或圆形草庐、高出地面的干阑建筑，有了石砌墙和夯土墙，房内摆放陶器、骨器和石制的工具，居住环境主要解决生存问题。

在商周时代 (公元前 17 世纪起)，我国进入奴隶社会。住宅是先挖地基再填土夯实，为防潮，地面采用石灰层、填土层交替夯实五六层。墙是版筑的，留有版的痕迹。生产工具以铜质的为主，石器、骨器逐渐变为装饰品，陶器仍大量使用。房屋顶部为木构架，两坡顶，有木柱支撑，柱下为石础 (垫石)，有的地基为石砌。到了晚期 (周代)，屋顶已为瓦顶，建筑物布局有明显的轴线，士大夫的住宅则用“前堂后寝”的格局，而且用色有严格的等级制度。这个时期的家具是矮形的，因为人们是以席地跪坐的方式生活的，主要的家具有俎、禁、床。俎是几、案、桌的雏形；禁是箱、柜、橱的原型。这时出现了屏风。

春秋战国时期（公元前770年～前221年），是奴隶制向封建制转化的时期，铁工具出现并在生产中被广泛应用，地主土地所有制确立。从当时的遗址上发现的文物可知：屋顶用筒瓦覆盖，铺地、砌墙用砖，用木柱，还有陶制的下水管，建筑基址有长方形、曲尺形和圆形。当时的家具品种有俎、案、几、床、屏风、格架与箱等，有长短、大小和高矮多种。案有长方形和圆形；几有玉几、雕几、漆几等，主要是作凭倚之用，所以叫“凭几”，后来又有其他用途。

从秦汉时代开始，由于国家统治有方，经济得到发展，封建社会开始，少数大地主、贵族和官僚居住在豪华的宅第里，房子很多，又有园林。而广大农民则居住在简陋的农舍（草顶土房或平顶泥房）中。富家房子平面左右对称，祖堂居中，多用四合院或几重的四合院组成“前堂后寝”的布局，房子（正房、厢房）的布局形式有一颗印式和分散式两类。建筑材料为砖、瓦、木、石、灰土、竹、草等，帝王宫殿则多用琉璃庑殿式或歇山式屋顶，梁枋斗拱施彩画，门窗为菱花雕刻，玉石栏杆有雕饰，基部采用须弥鹰形式。秦汉时使用最多的是床和榻（床略高、宽于榻），其次是几、案（床前、榻侧设几，案有长方、圆等形状，有的带冰盘沿儿，还有翘头案，用来进食、饮酒、读书或祭祀）、胡床（可折叠的马扎）、柜、橱、衣架和屏风等。在魏晋至隋唐五代时期，受外来文化的影响，出现了新的造型与装饰手法，如建筑与家具中的须弥座等，出现了向后倚靠的弯曲凭几、隐囊（软靠垫）、筌蹄（用藤或草编成的高型坐具）、椅子、带屏的床、双人胡床等新型家具。隋唐五代时，高型家具【扶手椅、靠背椅、圆椅、凳（方、厕、腰圆形及长条形）、高桌、高型床（案形或意门台座形）、立柜、墩等】较普遍采用，矮型家具（榻、案等）也在应用。这反映了席地跪坐、盘足叠坐与垂足而坐同时并存，说明是由矮型家具向高型家具过渡的时期。唐朝的螺钿镶嵌、木画、漆绘与拨镂工艺都达到前所未有的成就。

公元10世纪中叶，北宋建立，垂足而坐的起居方式取代了席地跪坐的起居方式。为适应新的生活需求，产生了折叠桌、交足柜、曲足盆架、交椅、琴桌等新型家具，特别是桌和柜橱上开始用抽屉。而且很重视装饰，加花牙子、云头雕刻、金属饰件。榻有壶门榻、托泥榻等多种。屏风有独扇式、三叠式，屏风上多用水波纹作装饰。建筑上有《营造法式》做出各种规范。

明代是中国家具的鼎盛期，造型简练、线条雄劲，比例匀称、尺度适宜，收分得当、稳重挺拔，线脚丰富、装饰适度，结构严谨、合理科学。装饰与结构结合，制作精良，大量使用铜饰件(合页、拉手、吊环等式样繁多)，一直受到国人和世界各国推崇。家具品种有椅凳类、几案类、柜橱类、床榻类、台架类和屏座类，每类都有很多个品种清代家具追求庄严、豪华富丽，家具造型厚重、雕饰烦琐，尺度上宽大，追求大气魄、讲排场，红木成为主要木材，用石材镶嵌家具很普遍，装饰手法丰富(首创骨嵌)，后来走向庸俗、丑陋和衰败。

我国是多民族国家，幅员辽阔，地理与气候条件多样，所以各地区各民族的民间建筑及室内风格丰富多彩，室内设计师有深入研究之必要。宫廷的建筑与室内设计，自汉以来，变化不是很大。若想仔细研究，有许多古代典籍文献与现代研究成果可以阅读。当然，也有许多建筑、园林和家具实物遗存。

二、国外室内设计的发展

公元前古埃及贵族宅邸的遗址中，抹灰墙上绘有彩色竖直条纹，地上铺有草编织物，配有各类家具和生活用品。古埃及神庙，庙前雕塑及庙内石柱的装饰纹样均极为精美，神庙大柱厅内硕大的石柱群和极为压抑的厅内空间，正是符合古埃及神庙所需的森严神秘的室内氛围，是神庙的精神功能所需要的。

古希腊和罗马在建筑艺术和室内装饰方面已发展到很高的水平。古希腊雅典卫城帕提农神庙的柱廊，起到室内外空间过渡的作用，精心推敲的尺度、比例和石材性能的合理运用，形成了梁、柱、枋的构成体系和具有个性的各类柱式。古罗马庞贝城的遗址中，从贵族宅邸室内墙面的壁饰，铺地的大理石地面，以及家具、灯饰等加工制作的精细程度来看，当时的室内装饰已相当成熟。罗马万神庙室内高旷的、具有公众聚会特征的拱形空间，是当今公共建筑内中庭（Atrium）设置最早的原型。

欧洲中世纪和文艺复兴以来，哥特式、古典式、巴洛克和洛可可等风格的各类建筑及其室内均日臻完美，艺术风格更趋成熟，除了上述非洲、欧洲著名的经典建筑和室内之外，其他各洲也有许多优秀的传统建筑。历代优美的装饰风格和手法，至今仍是我们创作时可供借鉴的源泉。

1919年在德国创建的包豪斯学派，摒弃因循守旧，倡导重视功能，推进现代工艺技术和新型材料的运用，在建筑和室内设计方面，提出与工业社会相适应的新观念。包豪斯学派的创始人格罗皮乌斯（Gropius）当时就曾提出："我们正处在一个生活大变动的时期。旧社会在机器的冲击之下破碎了，新社会正在形成之中。在我们的设计工作里，重要的是不断地发展，随着生活的变化而改变表现方式……"20世纪20年代格罗皮乌斯设计的包豪斯校舍和密斯·凡·德·罗设计的巴塞罗那世博会德国馆都是上述新观念的典型实例。

三、我国室内设计和建筑装饰的现状和应注意的问题

我国现代室内设计，虽然早在20世纪50年代首都北京人民大会堂等十大建筑工程建设时已经起步，但是室内设计和装饰行业的大范围兴起和发展还是20世纪80年代中期的事。由于改革开放，从旅游建筑、商业建筑开始，及至办公、金融和涉及千家万户的居住建筑，在室内设计和建筑装饰方面都有了蓬勃的发展。1984年和1989年相继成立了中国建筑装饰协会和中国建筑学会室内设计分会，在众多理工科院校和艺术院校里相继成立了室内设计专业；从80年代初开始发展到2005年年底，全国注册的装饰企业已有18万家，从业职工1400万人。为加强建筑装饰行业的规范化管理，1995年起建设部陆续颁发了《建筑装饰装修管理规定》《住宅室内装饰装修管理办法》《建筑装饰设计资质分级标准》等一系列法规。

随着科学技术的持续发展和社会经济的新增长，我国的室内设计和建筑装饰事业必将在广度和深度两方面得到进一步的发展。

我国当前的室内设计和建筑装饰尚有一些薄弱环节，需要我们认真对待，主要是：

1. 环境整体和建筑功能意识薄弱

对所设计的室内空间内外环境的特点，如周边的自然环境和文化氛围等考虑不多；对所在建筑的使用功能、类型性格考虑不够，即对室内设计的"定位"有偏差，容易把室内设计孤立地、封闭地对待，也就是缺乏室内设

计是建筑设计的继续的认识，缺乏建筑观念的素养。

2. 对大量性、生产性建筑的室内设计有所忽视

当前设计者和施工人员，对旅游宾馆、大型商场、高级餐厅等的室内设计比较重视，相对地对涉及大多数人使用的大量性建筑如学校、幼儿园、门诊所、社区生活服务设施等的室内设计重视研究不够，对职工集体宿舍、为满足中、低档收入住户的大量性住宅、老龄住户的住宅、有残疾人居住的配有无障碍设施住宅的室内设计，以及各类生产性建筑的室内设计也都有所忽视，也就是设计师应认真关注大众需求，并有意识地重视弱势群体的使用特点。

3. 对技术、经济、管理、法规等问题注意不够

现代室内设计与结构、构造、设备材料、施工工艺等技术因素结合非常紧密，科技的含量日益增高，可以毫不夸张地说，现代室内设计是在科技平台上的学术创作。设计者除了应有必要的建筑艺术修养外，还必须认真学习和了解现代建筑装修的技术与工艺等有关内容；同时，应加强执行室内设计与建筑装饰有关法规的观念，如工程项目管理法、合同法、招投标法以及消防、卫生防疫、环保、工程监理、设计定额指标等各项有关法规和规定。

4. 对节能、节省人力、物力及财力资源，对资源循环及可持续发展关注不足

我国当前的持续高速度的经济发展，在室内设计领域也应高度重视设计施工以及今后使用室内空间时的节省能源、节水，理性地节约一切可以节省的资源，重视资源循环利用及可持续发展。

5. 对室内设计的创新精神和原创力重视不够

室内设计固然可以借鉴国内外传统和当今已有设计成果，但不应是简单的“抄袭”，或不顾周围环境、空间形态和建筑类型性格的“套用”，现代室内设计理应倡导具有文化内涵、结合时代精神的创新精神和原创力。

后工业社会、信息社会的21世纪，是一个经济、信息、科技、文化等各方面都高速发展的时期，人们对社会的物质生活和精神生活不断提出新的要求，相应地人们对自身所处的生产、生活活动环境的质量，也必将提出更高的要求，怎样才能创造出安全、健康、适用、美观、能满足现代室内综合要求、具有文化内涵顾及可持续发展的室内环境，这就需要我们从实践到理

论认真学习、钻研和探索这一新兴学科中的规律性和许多问题。

根据世界贸易组织（WTO）的相关约定，国外建筑工程及设计、施工等相应机构自2006年起将与国内的建筑工程和设计、施工单位具有同等的竞争条件，也就是说我们要与国际市场竞争，这也要求我们要更好地提高我们的专业水平和创新精神，可以说创新是室内设计的“灵魂”。

第三节　室内设计的基本理论

一、以“环境为源”的设计理念为基础

自然环境在人类社会形成之前就已经存在，因此人类的一切活动，包括建设城市，建造房屋和构筑室内人工活动空间，都不应该对自然环境形成负面效应，“环境为源”可以认为是室内设计从构思到实施全过程的前提和基础。

鉴于人们营建包括室内人工环境的历史经历，已经有意或无意地对自然环境形成多种不利的影响，并且最终将直接关系到人们的生活质量以至生存权利，我们还是把“环境为源”放在室内设计基本观点的首位。“环境为源”的含义，可以从三个不同层次的方面来阐明：

第一，室内设计从整体上应该充分重视环境保护、生态平衡与资源循环等的宏观要求，确立人与自然环境和谐协调的“天人合一”的设计理念。

联系到具体设计任务时，应该考虑怎样节省和充分利用室内空间，怎样在施工和使用时节省能源、节约用水，怎样节省装饰用材，节约来自不可再生的天然材料，在施工和使用室内空间时如何保护环境、防止污染和噪声扰民，等等。对于新世纪的当代室内设计人员，是否具有环境保护、生态平衡和资源循环等可持续发展的观念，并把这一观念落实到设计、施工、选材等具体工程中去，是衡量一位设计人员是否具有符合现代社会最为基本设计素质的标尺之一。

第二，室内设计是环境系列有机组成部分的“链中一环”。

把室内设计看成是自然环境—城乡环境—社区街坊环境—建筑及室外环境—室内环境这一环境系列中的有机组成，它们相互之间有许多前因后果、相互制约或提示的因素。

现代室内设计的立意、构思，室内风格和环境氛围的创造，需要着眼于对环境整体、文化特征以及建筑物的功能特点等多方面的考虑。现代室内设计，从整体观念上来理解，应该看成是环境设计系列中的“链中一环”。

室内设计的“里”和室外环境的“外”(包括自然环境、文化特征、所在位置等)，可以说是一对相辅相成、辩证统一的矛盾，正是为了更深入地做好室内设计，就愈加需要对环境整体有足够的了解和分析，着手于室内，但着眼于“室外”。当前室内设计的弊病之一——相互类同，很少有创新和个性，对环境整体缺乏必要的了解和研究，从而使设计的依据流于一般，设计构思局限封闭。看来，忽视环境与室内设计关系的分析，也是重要的原因之一。

例如，自然环境中的气候条件、自然景色、当地材料等因素都对室内设计有影响；又如，地域文化、历史文脉、民俗民风等也对室内设计有某种关联；再如街区景观和建筑造型风格、功能性格也都对室内设计有一定的提示。

香港室内设计师D. 凯勒先生在浙江东阳的一次学术活动中，曾认为旅游旅馆室内设计的最主要的一点，应该是让旅客在室内很容易联想起自己是在什么地方。明斯克建筑师E. 巴诺玛列娃也曾提到“室内设计是一项系统，它与下列因素有关，即整体功能特点、自然气候条件、城市建设状况和所在位置，以及地区文化传统和工程建造方式，等等。”环境整体意识薄弱，就容易就事论事，“关起门来做设计”，使创作的室内设计缺乏深度，没有内涵。当然，使用性质不同，功能特点各异的设计任务，相应地对环境系列中各项内容联系的紧密程度也有所不同。但是，从人们对室内环境的物质和精神两方面的综合感受说来，仍然应该强调对环境整体予以充分重视。

第三，室内设计所创建的室内人工环境，是包括室内空间环境、视觉环境、声光热等物理环境、心理环境以及空气质量环境等许多方面的综合，它们之间又是有机地内在联系。

人们（包括使用者和设计师）通常对室内设计创建的室内环境容易有只

注意和关心可见的视觉环境的倾向，而忽视或并不理解形成视觉环境的内在空间、物理、心理等依据因素，如一个会场、剧院观众厅或音乐厅的室内设计，室内的空间形态和各个界面装饰材料质地的选用，各种装饰材料设置的部位和面积的大小，都是需要根据室内声学要求、室内混响时间的长短通过计算量化确定的。例如，剧场观众厅近台口的高反射装饰材料和防止产生回声的厅内后墙的强吸声装饰材料的配置。

一个闷热、噪声背景很高的室内即使看上去很漂亮，待在其间也很难给人愉悦的感受。一些涉外宾馆中投诉意见比较集中的，往往是晚间电梯、锅炉房的低频噪声和盥洗室中洁具管道的噪声影响休息。不少宾馆的大堂，单纯从视觉感受出发，过量地选用光亮硬质的装饰材料，从地面到墙面，从楼梯、走廊的栏板到服务台的台面、柜面，使大堂内的混响时间过长，说话时清晰度很差，同时造价也很高。美国室内设计师费歇尔（Fisher）来访上海时，对落脚的一家宾馆就有类似上述的评价。

二、室内色彩设计要考虑多种因素

在进行室内环境的色彩设计时，必须考虑下列多种因素。

1. 该环境所处的地域和自然条件

地处寒带用暖色系，地处热带则用冷色系；荒漠地区采用蓝绿色调，有林木草地的地方则采用黄红色调。

2. 民族传统与习惯

不同的民族有着迥然各异的民族历史文化传统和风俗习惯，在色彩的爱好上也有明显的区别，不能把设计师的主观意志强加给环境的主人（顾主）。

3. 人在职业上的差别

不同职业的人对色彩的爱好是不同的，在设计上必须体现人们的不同爱好。

4. 文化素质

人们由于受教育程度不同，文化素质与艺术修养不同，对色彩的爱好也是不一样的。

5. 性别与年龄

性别上的差异致使男女在色彩的喜好上不同，老年、中年、青年与儿童在色彩爱好与欣赏上也有明显的区别。

6. 季节与建筑朝向

在炎热的夏季，室内空间界面的色彩应为冷色调；而在寒冷的冬季，室内色彩应以暖色调为主。房间窗子朝北，房间一年四季进不来阳光，室内色彩应该偏暖；房间窗子朝南时，室内色彩应偏冷；窗子朝东时，室内色彩也应偏暖（暖色的纯度没有北房高）；窗子如果朝西，西晒严重，所以室内色调应为鲜明的冷色调。经过这样的调整，会给人的心理和视觉上造成舒适的感受。

7. 顾主对色彩的个性需求

即使是同一类人，由于每个人的个性、爱好不同（即共性之外的个性），对环境空间的色彩要求也不一样。

三、以满足“以人为本”的需要为设计核心

“为人服务，这正是室内设计社会功能的基石。”室内设计的目的是通过创造室内空间环境为人服务，设计者始终需要把人对室内环境的需求，包括物质使用和精神需求两方面，放在设计思考的核心。由于设计的过程中矛盾错综复杂，问题千头万绪，设计者需要清醒地认识到以人为本，为人服务，为确保人们的安全和身心健康，为满足人和人际活动的需要作为设计的核心。为人服务这一平凡的真理，在设计时往往会有意无意地因从多项局部因素考虑而被忽视。

现代室内设计需要满足人们的生理、心理等要求，需要综合地处理人与环境、人际交往等多项关系，需要在为人服务的前提下，综合解决使用功能、经济效益、舒适美观、环境氛围等种种要求。设计及实施的过程中还会涉及材料、设备、定额法规以及与施工管理的协调等诸多问题。可以认为现代室内设计是一项综合性极强的系统工程，但是现代室内设计的出发点和归宿只能是在“环境为源”的前提下，为人和人际活动服务。从为人服务这一“功能的基石”出发，需要设计者细致入微、设身处地地为人们创造美好的室内环境。因此，现代室内设计特别重视人体工程学、环境心理学、审美

心理学等方面的研究，也需要了解行为学，社会学方面的相关知识，用以科学地、深入地了解人们的生理特点、行为心理和视觉感受等方面对室内环境的设计要求。针对不同的人、不同的使用对象，相应地应该考虑有不同的要求。

例如，幼儿园室内的窗台，考虑到适应幼儿的尺度，窗台高度常由通常的900 ~ 1000 cm降至450~550 cm，楼梯踏步的高度也在12 cm左右，并设置适应儿童和成人尺度的二档扶手；一些公共建筑顾及残疾人的通行和活动，在室内外高差、垂直交通、厕所盥洗等许多方面应作无障碍设计；近年来地下空间的疏散设计，如上海的地铁车站，考虑到老年人和活动反应较迟缓的人们的安全疏散，在紧急疏散时间的计算公式中，引入了为这些人安全疏散多留1 min的疏散时间余地。上面的三个例子着重从儿童、老年人、残疾人等人们的行为生理的特点来考虑。

在室内空间的组织、色彩和照明的选用方面，以及对相应使用性质室内环境氛围的烘托等方面，更需要研究人们的行为心理、视觉感受方面的要求。例如，教堂高耸的室内空间具有神秘感，会议厅规正的室内空间具有庄严感，而娱乐场所绚丽的色彩和缤纷闪烁的照明给人以兴奋、愉悦的心理感受。我们应该充分运用现时可行的物质技术手段和相应的经济条件，创造出首先是为了满足人和人际活动所需的室内人工环境。

四、装修材料的选用要合理

室内环境装修所用的各种材料，首先应该是“绿色的”(对居住者没有任何污染与伤害)。装修若使用非绿色建材，即使用散发有毒气体的建筑装修材料，等于是“引狼入室”。这些室内杀手，轻则使人致病，重则使人死亡。凡是能散发一氧化碳、二氧化碳、氰化氢、甲醛、氯乙烯、苯、二甲苯和氡气等有害气体或化学物质的建筑装修材料，轻者令人皮肤瘙痒、气喘、胸闷、发烧、恶心呕吐等，严重者使人致癌或患白血病而死亡(如天然花岗石和辉绿岩所散发出的氡气，荧光剂中所含的化学物质)。混在空气中的硫化氢、三氯乙烯、氟化氢、苯酚、甲醛等，都是对人身体健康有害的气体。其次，要恰当地选用和搭配建筑装修材料。其中一个是要以审美的眼光来选择和搭配建筑装修材料。因为各种材料的质感、肌理、色泽不同，给人的感受不一样，装饰效果亦不同。有的材料只能单独使用，而有些材料只能和某几种材料搭配效果才好。所以，建筑装修材料的选择正确与否、材料组合搭配是否得当，就属于室内设计的内容之一。当然，在设计中，材料的物理性能、化学性能和机械性能等方面，也不可忽视。

另一个是要有正确的材料使用观念：不是材料越豪华越好，也不是使用普通、低档次的材料就不好，关键是材料的选择、搭配运用是否合理。使用贵重的高档次材料，如果运用、搭配不恰当，也是搞不出好的室内装修效果，甚至还会使人生厌。反之，虽然使用的是普通的低档次材料，但只要应用得合理、巧妙，照样可以取得极佳的室内装修效果，令人依恋并产生亲切感。

五、科学性与艺术性相结合

室内设计正如建筑设计一样，有人说是“工科中的文科”，它具有科学与艺术的双重性格。

现代室内设计的又一个基本观点，是在创造室内环境中高度重视科学性、高度重视艺术性及其相互结合。从建筑和室内发展的历史来看，具有创新精神的新的风格的兴起，总是和社会生产力的发展相适应。社会生活和科学技术的进步，人们价值观和审美观的改变，促使室内设计必须充分重视并积极运用当代科学技术的成果，包括新型的材料、结构构成和施工工艺，以及为创造良好声、光、热环境的设施设备。现代室内设计的科学性，除了在设计观念上需要进一步确立以外，在设计方法和表现手段等方面，也日益予以重视，设计者已开始认真地以科学的方法，分析和确定室内物理环境和心理环境的优劣，并已运用电子计算机技术辅助设计和绘图。贝聿铭先生早在20世纪80年代来沪讲学时所展示的华盛顿艺术馆东馆室内透视的比较方案，就是以电子计算机绘制的，这些精确绘制的非直角的形体和空间关系，极为细致真实地表达了室内空间的视觉形象。

一方面需要充分重视科学性，另一方面又需要充分重视艺术性，在重视物质技术手段的同时，高度重视建筑美学原理，重视创造具有表现力和感染力的室内空间和形象，创造具有视觉愉悦感和文化内涵的室内环境，使生活在现代社会高科技、高节奏中的人们在心理上、精神上得到平衡，即现代建筑和室内设计中的高科技和高感情问题。总之，是科学性与艺术性、生理要求与心理要求、物质因素与精神因素的平衡和综合。

在具体工程设计时，会遇到不同类型和功能特点的室内环境（生产性或生活性、行政办公或文化娱乐、居住性或纪念性等），对待上述两个方面的具体处理，可能会有所侧重，但从宏观整体的设计观念出发，仍然需要将两者结合。科学性与艺术性两者绝不是割裂或者对立，而是可以密切结合的。意大利设计师纳维设计的罗马小体育馆和都灵展览馆，尼迈亚设计的巴西利亚菲特拉教堂，屋盖的造型既符合钢筋混凝土和钢丝网水泥的结构受力要求，结构的构成和构件本身又极具艺术表现力；荷兰鹿特丹办理工程审批的市政办公楼，室内拱形顶的走廊结合顶部采光，不作装饰的梁柱处理，在办公建筑中很好地体现了科学性与艺术性的结合。

需要提请设计人员认真对待的是室内设计中的科学性，也就是科技含量，往往是直接与使用功能、与室内的实际使用紧密结合，如人体尺度与动作域，室内中的声、光、热要求，等等，在具有实际使用意义的室内空间环境的创建中，艺术性与美观不是单项孤立的，艺术性必须在满足使用功能的前提下才具有欣赏价值，从这一意义上说，也可以认为现代室内设计是在科技平台上的艺术创作。

六、坚持动态与可持续的发展观

我国清代文人李渔在他室内装修的专著中曾写道："与时变化，就地权宜"，"幽斋陈设，妙在日新月异"，即所谓"贵活变"也就是动态发展和与时变化的论点。他还建议不同房间的门窗应设计成不同的体裁和花式，但应具有相同的尺寸和规格，以便根据使用要求和室内意境的需要，使各室的门窗可以更替和互换。李渔"活变"的论点，虽然还只是从室内装修的构件和陈设等方面去考虑，但是它已经涉及了因时、因地的变化，把室内设计以动态的发展过程来对待。

现代室内设计的一个显著特点是，它随着时间的推移，室内功能也相应改变，显得特别突出和敏感。当今社会生活节奏日益加快，建筑室内的功能复杂而又多变，室内装饰材料、设施设备，甚至门窗等构配件的更新换代也日新月异。总之，室内设计和建筑装修的"无形折旧"更趋突出，更新周期日益缩短，而且人们对室内环境艺术风格和气氛的欣赏和追求也随着时间的推移而在改变。据悉，现今瑞士的房屋建设工程有约90%是对原有建筑在保留建筑风貌和基本结构的情况下，根据新的功能要求对室内环境进行改造和装修；又如日本东京西服店近年来店面及铺面的更新周期仅为一年半；我国上海市不少餐馆、理发厅、照相馆和服装商店的更新周期也只有2～3年，旅馆、宾馆的更新周期大堂为7～10年，客房则为5～7年。

随着市场经济、竞争机制的引进，购物行为和经营方式的变化，新型装饰材料、高效照明和空调设备的推出，以及防火规范、建筑标准的修改等因素，都将促使现代室内设计在空间组织、平面布局、装修构造和设施安装等方面都留有更新改造的余地，把室内设计的依据因素、使用功能、审美要求等，都不看成是一成不变的，而是以动态发展的过程来认识和对待。室内设计动态发展的观点同样也涉及其他各类公共建筑和量大面广居住建筑的室内环境。

“可持续发展”一词最早是在20世纪80年代中期欧洲的一些发达国家提出来的，1989年5月联合国环境署发表了《关于可持续发展的声明》，提出“可持续发展系指满足当前需要而不削弱子孙后代满足其需要之能力的发展”。1993年联合国教科文组织和国际建筑师协会共同召开了“为可持续的未来进行设计”的世界大会，其主题为各类人为活动应重视有利于今后在生态、环境、能源、土地利用等方面的可持续发展，联系到现代室内环境的设计和创造，设计者不能急功近利、只顾眼前，而要确立节能、充分节约与利用室内空间、力求运用无污染的“绿色装饰材料”以及创造人与环境、人工环境与自然环境相协调的观点。动态和可持续的发展观，即要求室内设计者既考虑发展有更新可变的一面，又考虑到发展在能源、环境、土地、生态等方面的可持续性。

第二章　室内空间界面设计造型原则

第一节　室内空间组织

自然环境既有人类生存生活必需和有益的一面，如阳光、空气、水、绿化等；也有不利于人类的一面，如暴风雪、地震、海啸、泥石流等。因此，室内空间最初的主要功能是对自然界有害性侵袭的防范，特别是对经常性的日晒、风雨的防范，仅作为赖以生存的掩体，由此而产生了室内外空间的区别。但在创造室内环境时，人类也十分注重与大自然的结合。人类社会发展至今日，人们愈来愈认识到发展科学、改造自然，并不意味着可以对自然资源进行无限制的掠夺和索取，建设城市、创造现代化的居住环境，并不意味着可以不依赖自然，甚至任意破坏自然生态结构，侵吞甚至消灭其他生物和植被，使人和自然对立、和自然隔绝。与此相反，人类在自身发展的同时，必须尊重和保护赖以生存的自然环境。因此，确立“天人合一”的理念，维持生态平衡，返璞归真，回归自然，创造可持续发展的建筑和室内外环境，已成为人们的共识。对室内设计来说，这种内与外、人工与自然、外部空间和内部空间紧密相连的、合乎逻辑的内涵，是室内设计的基本出发点，也是室内外空间交融、渗透、更替现象产生的基础，并表现在空间上既分隔又联系的多类型、多层次的设计手法上，以满足不同条件下对空间环境的不同需要。

一、室内空间概述

(一) 室内空间的概念

人工环境的室内空间是人类劳动的产物，是相对于自然空间而言的，是人类有序生活组织所需要的物质产品。人对空间的需要，是一个从低级到高级，从满足生活上的物质要求，到满足心理上的精神需要的发展过程。但是，不论物质或精神上的需要，都是受到当时社会生产力、科学技术水平和经济文化等方面的制约。人们的需要随着社会发展提出不同的要求，空间随着时间的变化也相应发生改变，这是一个相互影响、相互联系的动态过程。因此，室内空间的内涵、概念也不是一成不变的，而是在不断地补充、创新和完善。

对于一个具有地面、顶盖、东南西北四方界面的六面体的房间来说，室内外空间的区别容易被识别，但对于不具备六面体围蔽的空间，可以表现出多种形式的内外空间关系，有时确实难以在性质上加以区别。但现实生活告诉我们，一个最简单的独柱伞壳，如站台、沿街的帐篷摊位，在一定条件下（主要是高度），可以避免日晒雨淋，在一定程度上达到了最原始的基本功能。而徒具四壁的空间，也只能称之为“院子”或“天井”而已，因为它们是露天的。由此可见，有无顶盖是区别内、外部空间的主要标志。具备地面（楼面）、顶盖、墙面三要素的房间是典型的室内空间；不具备三要素的，除院子、天井外，有些可称为开敞、半开敞等不同层次的室内空间。我们的目的不是企图在这里对不同空间形式下确切的定义，但上述的分析对创造、开拓室内空间环境具有重要意义。譬如，希望扩大室内空间感时，显然是以延伸顶盖最为有效。而地面、墙面的延伸虽然也有扩大空间的感觉，但主要的是体现室外空间的引进，室内外空间的紧密联系。而在顶盖上开洞，设置开窗，则主要表现为进入室外空间，同时也具有开敞的感觉。

(二) 室内空间的特性

人类从室外的以自然因素为主的空间进入人工的室内空间，处于相对的不同环境，外部主要和自然因素直接发生关系，如天空、太阳、山水、树木花草；内部主要和人工因素发生关系，如顶棚、地面、家具、灯光、陈设等。

室外是延伸的，室内是有限的，室内围护空间无论大小都有规定性，因此相对来说，生活在有限的室内空间中，对人的视距、视角、方位等方面有一定限制。室内外光线在性质上、照度上也很不一样。室外在直射阳光下，物体具有较强的明暗对比，室内除可能部分受直射阳光照射外，大部分是受反射光和漫射光照射，没有强的明暗对比，光线比室外要弱。因此，同样一个物体，如室外的柱子，受到光影明暗的变化，显得小；室内的柱子因在漫射光的作用下，没有强烈的明暗变化，显得大一点；室外的色彩显得鲜明，室内的显得灰暗。这对考虑物体的尺度、色彩是很重要的，当然在人工照明的条件下，由于光源、灯具的不同设置，又会显示不同的效果。

室内是与人最接近的空间环境，人在室内活动，身临其境，室内空间周围存在的一切与人息息相关。室内一切物体既触摸频繁，又察之入微，对材料在视觉上和质感上比室外有更强的敏感性。

由室内空间采光、照明、色彩、装修、家具、陈设等多因素综合造成的室内空间形象通过视觉感受，在人们的心理上产生比室外空间更强的承受力和感受力，从而影响到人的生理、精神状态。室内空间的这种人工性、局限性、隔离性、封闭性、贴近性，其作用类似蚕的茧子，有人称之为人的“第二层皮肤”。

现代室内空间环境，对人的生活思想、行为、知觉等方面产生了根本的变化，应该说是一种合乎发展规律的进步现象。但同时也带来不少的问题，主要由于与自然的隔绝、脱离日趋严重，从而使现代人体能下降。因此，有人提出回归自然的主张，怀念日出而作、日落而息的与自然共呼吸的生活方式，在当代得到了很大的反响。特别是经历了 2003 年的“非典”疫情，更使人们充分意识到在室内人工空间环境中，日照、自然采光、自然通风以及良好的空气质量等这些自然环境的诸多因素，对创建现代室内人工环境是何等重要，它们是直接关系到人们的生命和健康的重要因素。

在创建人工环境的同时，人和自然的关系应该是和谐的，是可以调整的，尽管生态平衡、可持续发展、资源循环等是一项全球性的系统工程，但也应从各行各业做起。对室内设计来说，应尽可能扩大室外活动空间，考虑室内外的沟通，利用自然采光、自然能源、自然材料，重视室内绿化，合理利用地下空间等，创造可持续发展的室内空间环境，保障人和自然协调发展。

(三) 室内空间的功能

空间的功能包括物质功能和精神功能。物质功能包括使用上的要求，如空间的占地面积、大小、围合形状，适合的家具、设备布置，使用方便，节约空间，交通组织、疏散、消防、安全等措施以及科学地创造良好的采光、照明、通风、隔声、隔热等的物理环境，等等。

现代电子工业的发展，新技术设施的引进和利用，室内智能化设施的配置，对建筑使用提出了相应的要求和改革，其物质功能的重要性、复杂性是不言而喻的。

例如住宅，在满足一切基本的物质需要后，还应考虑符合业主的经济条件，在维修、保养等方面开支的限度，提供安全设备和安全感，并在家庭生活期间发生变化时，有一定的灵活性，即动态可变的因素。

关于个人的心理需要，如对个性、社会地位、职业、文化教育等方面的表现和对个人理想目标的追求等提出的要求。心理需要还可以通过对人们行为模式的分析去了解。

精神功能是在物质功能的基础上，在满足物质需求的同时，从人的文化、心理需求出发，如人的不同的爱好、愿望、意志、审美情趣、民族文化、民族象征、民族风格等，并能充分体现在空间形式的处理和空间形象的塑造上，创建与功能性质相符的所需的室内环境氛围，使人们获得精神上的满足和美的享受。

而对于建筑空间形态的美感问题，由于审美观念的差别，往往难以一致，而且审美观念就每个人来说，由于社会经历、文化素养等因素也是不同和发展变化的，要确立统一的标准是困难的，但这并不能否定建筑形象美的一般规律。

建筑美，不论其内部或外部均可概括为形式美和意境美两个主要方面。

空间的形式美的规律如平常所说的构图原则或构图规律，如统一与变化、对比、微差、韵律、节奏、比例、尺度、均衡、重点、比拟和联想等，这无疑是在创造建筑形象美时必不可少的手段。许多不够完美的作品，总可以在这些规律中找出某些不足之处。由于人的审美观念的发展变化，这些规律也在不断得到补充、调整、发展和完善。

但是，符合形式美的空间不一定能达到意境美。正像画一幅人像，可以在技巧上达到相当高度，如比例、明暗、色彩、质感等，但如果没有表现出人的神态、风韵，还不能算作上品。所谓意境美，就是要表现特定场合下的特殊性格，也可称为建筑个性或建筑性格。太和殿的“威严”，朗香教堂的“神秘”，意大利佛罗伦萨大看台的“力量”，流水别墅的“幽雅”都表现出建筑的性格特点，达到了具有感染强烈的意境效果，是空间艺术表现的典范。由此可见，形式美只能解决一般问题，意境美才能解决特殊问题；形式美只涉及问题的表象，意境美才深入到问题的本质；形式美只抓住了人的视觉，意境美才抓住了人的心灵。掌握建筑的性格特点和设计的主题思想，通过室内的一切条件，如室内空间、色彩、照明、家具陈设、绿化等，去创造具有一定气氛、情调、神韵、气势等的意境美，是室内建筑形象创作的主要任务。

在创造意境美时，还应注意体现时代精神、民族和地方风格、地域文化的表现，对住宅来说还应注意住户个性与个人风格的体现。

意境创造要重视室内空间的气质和环境氛围，抓住人的心灵，要了解和掌握人的心理状态和心理活动规律对空间氛围的需求，此外，还可以通过人的行为模式，来分析人的不同的心理特点。

二、室内空间的限定

大自然中的空间是无限的，而室内空间往往是有限的。空间的存在离不开实体，被实体要素限定的虚体才是空间。离开了实体的限定，空间常常就不存在了。正像两千多年前中国古代哲学家老子说的：“埏埴以为器，当其无，有器之用。凿户牖以为室，当其无，有室之用。故有之以为利，无之以为用。”这句名言一语道破了空间的真正意义，十分生动地论述了“实体”和“虚体”的辩证关系，一直为国内外建筑界人士所津津乐道。

在空间设计中。人们常常把被限定前的空间称为原空间，把用于限定空间的构件等物质手段称为限定元素。在原空间中利用各种限定元素限定出另一个空间，经常采用的方法有以下几种：围合、覆盖、凸起、下沉、架起、设立和质地变化。

（一）围合

通过围合的方法来限定空间是最常见、最典型的空间限定方法，室内设计中用于围合的限定元素很多，常用的有隔墙、隔断、家具、布帘、绿化等。由于这些限定元素在高低、疏密、质感、透明度等方面的不同，其所形成的限定度也各有差异，从而使所限定的相应的空间感觉也不尽相同。

（二）覆盖

通过覆盖的方式限定空间也是一种常用的方式。室内空间与室外空间最大的区别在于室内空间一般总是被顶界面覆盖的，也正是由于这些覆盖物的存在，才使室内空间具有遮阳避雨的功能。用覆盖的方式限定空间时，一般都采取从上面悬吊或在下面支撑限定元素的办法来实现。在室内设计中，覆盖这一方法常用于比较高大的室内环境中，由于限定元素的离地距离、透明度、质感的不同，其所形成的限定效果也有所不同。

（三）凸起

凸起指的是将某一区域地面升高，形成高出周围地面的空间，其性质是“显露”的。在室内设计中，这种空间形式有强调、突出和展示等功能，有时也具有限制人们活动的意味。

（四）下沉

下沉是另一种空间限定的方法，它使某区域地面低于周围的空间，它的空间性质与凸起正好相反，是“隐蔽”的，在室内设计中常常能起到意想不到的效果。它既能为周围空间提供一种居高临下的视觉条件，又能在下沉区域内部营造出一种静谧的气氛，同时也有一定的限制人们活动的功能。无论是凸起或下沉，都涉及地面高差的变化，因此在高差变化的边界处都应该注意安全性的问题。

（五）架起

架起形成的空间与凸起形成的空间有一定的相似之处，但架起形成的空间解放了原来的地面，从而在其下方创造出另一从属的限定空间。架起的具体方法一般包括吊杆悬吊、构件悬挑、梁柱架起等。在室内设计中，设置夹层及通廊就是运用架起手法的典型例子，这种方法对于丰富空间效果能起到很好的作用。

(六) 设立

设立指的是通过将限定元素设置于原空间中，从而在该元素周围限定出一个新的空间的方式。这种空间的形成是意象性的，空间的边界是不确定的。在该限定元素的周围常常可以形成一种环形空间，限定元素本身也经常可以成为吸引人们视线的焦点。在室内设计中，一组家具、一件雕塑或陈设品都能成为这种限定元素，它们既可以是单个的，也可以是多个的；既可以是同一类物体，也可以是不同种类的物体。

(七) 质地的变化

在室内设计中，通过界面质感、色彩、形状乃至照明等质地的变化，常常也能限定空间。这些限定元素主要通过人的主观意识发挥作用，一般而言，其限定度较低，属于一种抽象限定。

三、室内空间组合

室内空间组合首先应该根据物质功能和精神功能的要求进行创造性的构思，一个好的方案总是根据当时当地的环境，结合建筑功能要求进行整体筹划，分析矛盾主次，抓住问题关键，内外兼顾，从单个空间的设计到群体空间的序列组织，由外到里，由里到外，反复推敲，使室内空间组织达到科学性、经济性、艺术性、理性与感性的完美结合，做出有特色、有个性的空间组合。组织空间离不开结构方案的选择和具体布置，结构布局的简洁性和合理性与空间组织的多样性和艺术性，应该很好地结合起来。经验证明，在考虑空间组织的同时应该考虑室内家具等的布置要求以及结构布置对空间产生的影响，否则会带来不可弥补的先天性缺陷。

随着社会的发展、人口的增长，可利用的空间是一种趋于相对减少的量，空间的价值观念将随着时间的推移而日趋提高，因此如何充分地、合理地利用和组织空间，就成为一个更为突出的问题。合理地利用空间，不仅反映在对内部空间的巧妙组织，而且在空间围合的大小、形状的变化，整体和局部之间的有机联系，在功能和美学上达到协调和统一。

美国建筑师雅各布森的住宅，巧妙地利用不等坡斜屋面，恰如其分地组织了需要不同层高和大小的房间，使之各得其所。其中起居室空间虽大但因高度不同的变化而显得很有节制，空间也更生动。书房学习室适合于较小的空间而更具有亲切、宁静的气氛。整个空间布局从大、高、开敞至小、亲切、封闭，十分紧凑而活泼，并尽可能地直接和间接接纳自然光线，以便使冬季的黑暗减至最小。日本丹下健三设计的日南文化中心，大小空间布置得体，观众厅部分因视线要求地坪升起与顶部结构斜度呼应，舞台上部空间升高也与结构协调，各部分空间得到充分利用，是公共建筑采用斜屋面的成功例子。英国法兰巴恩聋哑学校采用八角形的标准教室，这种多边形平面形式有助于分散干扰回声和扩散声，从而为聋哑学校教室提供最静的声背景，空间组合封闭和开敞相结合，别具一格。每个教室内有 8 个马蹄形布置的课桌，与室内空间形式十分协调，该教室地面和顶棚还设有感应圈，以增强每个学生助听器的放大声。

在空间的功能设计中，还有一个值得重视的问题，就是对储藏空间的处理。储藏空间在每类建筑中是必不可少的，在居住建筑中尤其显得重要。如果不妥善处理，常会引起侵占其他空间或造成室内空间的杂乱。包括储藏空间在内的家具布置和室内空间的统一，是现代住宅设计的主要特点，一般常采用下列几种方式：

1. 嵌入式（或称壁龛式）

它的特点是贮存空间与结构结成整体，充分保持室内空间面积的完整，常利用突出于室内的框架柱，嵌入墙内的空间，以及利用窗子上下部空间来布置橱柜。

2. 壁式橱柜

它占有一面或多面完整墙面，做成固定式或活动式组合柜，有时作为房间的整片分隔墙柜，使室内保持完整统一。

3. 悬挂式

这种“占天不占地”的方式可以单独也可以和其他家具组合成富有虚实、凹凸、线面纵横等生动的储藏空间，在居住建筑中十分广泛地被应用。这种方式应高度适当，构造牢固，避免地震时落物伤人的危险。

4. 收藏式

结合壁柜设计活动床桌，可以随时翻下使用，使空间用途灵活，在小面积住宅和有临时增加家具需要的用户中运用非常广泛。

5. 桌橱结合式

充分利用桌面剩余空间，桌子与橱柜相结合。

此外还有其他多功能的家具设计，如沙发床及利用家具单元作各种用途的拼装组合家具。当在考虑空间功能和组织的时候，另一个值得注意的问题是，除上述所说的有形空间外，还存在着“无形空间”或称心理空间。

实验证明，某人在阅览室里，当周围到处都是空座位而不去坐，却偏要紧靠一个人坐下，那么后者不是局促不安地移动身体，就是悄悄走开，这种感情很难用语言表达。在图书馆里，那些想独占一处的人，就会坐在长方桌一头的椅子上；那些竭力不让他人和他并坐的人，就会占据桌子两侧中间的座位；在公园里，先来的人坐在长凳的一端，后来者就会坐在另一端，此后行人对是否要坐在中间位置上，往往犹豫，这种无形的空间范围圈，就是心理空间。

室内空间的大小、尺度、家具布置和座位排列，以及空间的分隔等，都应从物质需要和心理需要两方面结合起来考虑。设计师是物质和精神环境的创造者，不但应关心人的物质需要，更要了解人的心理需求，并通过良好的优美环境来影响和提高人的心理素质，把物质空间和心理空间统一起来。

第二节　室内界面处理

室内界面，即围合成室内空间的底面（楼、地面）、侧面（墙面、隔断）和顶面（平顶、顶棚）。人们使用和感受室内空间，但通常直接看到甚至触摸到的则为界面实体。

从室内设计的整体观念出发，我们必须把空间与界面、“虚无”与实体，这一对“无”与“有”的矛盾，有机地结合在一起来分析和对待。但是在具体的设计进程中，不同阶段也可以各具重点，如在室内空间组织、平面布局基本确定以后，对界面实体的设计就显得非常突出。

室内界面的设计，既有功能技术要求，也有造型和美观要求。作为材料实体的界面，有界面的线形和色彩设计，界面的材质选用和构造问题。此外，现代室内环境的界面设计还需要与房屋室内的设施、设备予以周密的协调，如界面与风管尺寸及出、回风口的位置，界面与嵌入灯具或灯槽的设置，以及界面与消防喷淋、报警、通信、音响、监控等设施的接口也非常需要重视。

一、室内界面处理的要求和功能特点

底面、侧面、顶面等各类界面，室内设计时，既对它们有共同的要求，各类界面在使用功能方面又各有它们的特点。

(一) 各类界面的共同要求

(1) 耐久性及使用期限；

(2) 耐燃及防火性能（现代室内装饰应尽量采用不燃及难燃性材料，避免采用燃烧时释放大量浓烟及有毒气体的材料）；

(3) 无毒（指散发气体及触摸时的有害物质低于核定剂量）；

(4) 无害的核定放射剂量（如某些地区所产的天然石材，具有一定的氡放射剂量）；

(5) 易于制作安装和施工，便于更新；

(6) 必要的隔热保暖、隔声吸声性能；

(7) 装饰及美观要求；

(8) 相应的经济要求。

(二) 各类界面的功能特点

(1) 底面（楼、地面）——耐磨、防滑、易清洁、防静电等；

(2) 侧面（墙面、隔断）——挡视线，较高的隔声、吸声、保暖、隔热要求；

(3) 顶面（平顶、顶棚）——质轻，光反射率高，较高的隔声、吸声、保暖、隔热要求。

二、室内界面处理与相应的感受

人们对室内环境气氛的感受，通常是综合的、整体的，既有空间形状，也有作为实体的界面。视觉感受界面的主要因素有：室内采光、照明、材料的质地和色彩、界面本身的形状、线脚和面上的图案肌理等。

在界面的具体设计中，根据室内环境气氛的要求和材料、设备、施工工艺等现实条件，也可以在界面处理时重点运用某一手法，如显露结构体系与构件构成；突出界面材料的质地与纹理；界面凹凸变化造型特点与光影效果；强调界面色彩或色彩构成；界面上的图案设计与重点装饰。

(一) 材料的质地

室内装饰材料的质地，根据其特性大致可以分为：天然材料与人工材料；硬质材料与柔软材料；精致材料与粗犷材料，如磨光的花岗石饰面板即属于天然硬质精致材料，斩假石属人工硬质粗犷材料，等等。

天然材料中的木、竹、藤、麻、棉等材料常给人们以亲切感，室内采用显示纹理的木材、藤竹家具、草编铺地以及粗略加工的墙体面材，粗犷自然，富有野趣，使人有回归自然的感受。

不同质地和表面加工的界面材料，给人们的感受如下：

平整光滑的大理石——整洁、精密；

纹理清晰的木材——自然、亲切；

具有斧痕的假石——有力、粗犷；

全反射的镜面不锈钢——精密、高科技；

清水勾缝砖墙面——传统、乡土情；

大面积灰砂粉刷面——平易、整体感。

由于色彩、线形、质地之间具有一定的内在联系和综合感受，又受光照等整体环境的影响，因此，上述感受也具有相对性。

(二) 界面的线形

界面的线形是指界面上的图案、界面边缘、交接处的线脚以及界面本身的形状。

1. 界面上的图案与线脚

界面上的图案必须从属于室内环境整体的气氛要求，起到烘托、加强室内精神功能的作用。根据不同的场合，图案可能是具象的或抽象的、有彩的或无彩的、有主题的或无主题的；图案的表现手段有绘制的、与界面同质材料的，或以不同材料制作。界面的图案还需要考虑与室内织物（如窗帘、地毯、床罩等）的协调。

界面的边缘、交接、不同材料的连接，它们的造型和构造处理，即所谓“收头”，是室内设计中的难点之一。界面的边缘转角通常以不同断面造型的线脚处理，如墙面木台度下的踢脚和上部的压条等的线脚，光洁材料和新型材料大多不作传统材料的线脚处理，但也有界面之间的过渡和材料的“收头”问题。

界面的图案与线脚，它的花饰和纹样，也是室内设计艺术风格定位的重要表达语言。

2. 界面的形状

界面的形状，较多情况是以结构构件、承重墙柱等为依托，以结构体系构成轮廓，形成平面、拱形、折面等不同形状的界面；也可以根据室内使用功能对空间形状的需要，脱开结构层另行考虑，如剧场、音乐厅的顶界面，近台部分往往需要根据几何声学的反射要求，做成反射的曲面或折面。除了结构体系和功能要求以外，界面的形状也可按所需的环境气氛设计。

（三）界面的不同处理与视觉感受

室内界面由于线型的不同划分、花饰大小的尺度各异、色彩深浅的各样配置以及采用各类材质，都会给人们视觉上以不同的感受。

应该指出的是，界面不同处理手法的运用，都应该与室内设计的内容和相应需要营造的室内环境氛围、造型风格相协调，如果不考虑场合和建筑物使用性质，随意选用各种界面处理手法，可能会有“画蛇添足”的不良后果。

三、各类界面的设计要点

(一) 底界面的装饰设计

室内空间底界面设计一般是指楼地面的装饰设计。

楼地面的装饰设计首先要考虑使用上的要求：普通楼地面应有足够的耐磨性和耐水性，并便于清扫和维护；浴室、厨房、实验室的楼地面应有更高的防水、防火、耐酸、耐碱等能力；经常有人停留的空间如办公室和居室等，楼地面应有一定的弹性和较小的传热性；对某些楼地面来说，也许还会有较高的声学要求，为减少空气传声，要严堵孔洞和缝隙，为减少固体传声，要加做隔声层等。

楼地面面积较大，其图案、质地、色彩可能给人留下深刻的印象，甚至影响整个空间的氛围。为此，必须慎重选择和调配。选择楼地面的图案要充分考虑空间的功能与性质。在没有多少家具或家具只布置在周边的大厅、过厅中。可选用中心比较突出的图案，并与顶棚造型和灯具相对应，以显示空间的庄重华贵。在一些要布置较多家具或采用非对称布局的空间中，宜考虑选用一些网格形的图案或者弱化地面图案设计，以给人平和稳定的整体印象，如果仍然采用中心突出的图案，可能导致图案被家具覆盖而不完整。有些空间可能需要一定的导向性和活跃度。不妨考虑使用斜向图案，让它们发挥诱导、提示和活跃空间的作用。在现代室内设计中，设计师为追求一种朴实、自然的情调，常常故意在内部空间设计一些类似街道、广场、庭园的地面，其材料多为大理石碎片、卵石、广场砖及凿毛的石板。

楼地面的装饰材料种类很多，有水泥地面、水磨石地面、陶瓷砖地面、天然石材地面、木地面、橡胶地面、油漆地面、玻璃地面和地毯，等等。

(二) 侧界面的装饰设计

侧界面又称垂直界面，有开敞的和封闭的两大类。前者指立柱、幕墙、有大量门窗洞口的墙体和各种各样的隔断，以此围合的空间，常形成开敞或半开敞式空间。后者主要指实墙，以此围合的空间，常形成封闭式空间。侧界面面积较大，距人较近，又常有壁画、雕刻、挂毡、挂画等壁饰，因此侧界面装饰设计除了要遵循界面设计的一般原则外，还应充分考虑侧界面的特点，在造型、选材等方面进行认真的推敲，全面顾及使用要求和艺术要求，充分体现设计的意图。

从使用上看，侧界面可能会有防潮、防火、隔声、吸声等要求，在使用人数较多的大空间内还要使侧界面下半部坚固耐碰，便于清洗，不致被人、推车、家具弄脏或撞坏。

侧界面是家具、陈设和各种壁饰的背景，要注意发挥其衬托作用。如有大型壁画、浮雕或艺术挂毯，应注意其与侧界面的协调，保证总体格调的统一。

要注意侧界面的虚实程度，有时可能是完全封闭的，有时可能是半隔半透的，有时则可能是基本通透的。要注意空间之间的关系以及内部空间与外部空间的关系，做到该隔则隔、该透则透，尤其要注意吸纳室外的景色。

要充分利用材料的质感，通过质感营造空间氛围。

侧界面往往是有色彩或有图案的，其自身的分格及凹凸变化也有图案的性质。它们或冷或暖，或水平或垂直，或倾斜或流动，都会影响空间的特性。

要尽可能通过侧界面设计展现空间的民族性、地方性与时代性，与其他要素一起综合反映空间的特色。从总体上看，侧界面的常见风格有三大类：一类是中国传统风格；另一类为西方古典风格；第三类为常见的现代风格。中国传统风格的侧界面，大多借用传统的建筑符号，并常用一些寓意吉祥的图案。西方古典风格的侧界面，大都模仿古希腊、古罗马的建筑符号，并喜用雕塑做装饰，其间常常出现一些古典柱式、拱券等形象。现代风格的侧界面大都比较简约，不刻意追求某个时代的某种样式，主要是通过色彩、材质、虚实的搭配，表现界面的形式美。当然，在设计实践中，还有所谓美式、日式等其他风格，不一而足。

（三）顶界面的装饰设计

顶界面即空间的顶部。在楼板下面直接用喷、涂等方法进行装饰的顶面称平顶；在楼板之下另作新的顶面的称吊顶或顶棚。平顶和吊顶又统称天花。

顶界面几乎毫无遮挡地暴露在人们的视线之内，是三种界面中面积较大的界面，并且包含了许多设备设施，所以会极大地影响环境的视觉效果与使用功能，必须从环境性质出发，综合各种要求，强化空间特色。

顶界面设计首先要考虑空间功能的要求，特别是照明和声学方面的要求，这在剧场、电影院、音乐厅、美术馆、博物馆等建筑中十分重要。拿音乐厅等观演建筑来说，顶界面要充分满足声学方面的要求，保证所有座位都有良好的音质和足够的声音强度，正因为如此，不少音乐厅都在顶部上空悬挂各式可以变换角度的反声板，或同时悬挂一些可以调节高度的扬声器。为了满足照明要求，剧场、舞厅应有完善的专业照明，观众厅也应有适当的顶饰和灯饰，以便让观众在开演之前及幕间休息时欣赏。电影院的顶界面可相对简洁，造型处理和照明灯具应将观众的注意力集中到银幕上。

其次，顶界面处理要注意体现建筑技术与建筑艺术统一的原则。顶界面的梁架不一定都要用吊顶封起来，如果组织得好，修饰得当，不仅可以节省空间和投资，还能取得意想不到的艺术效果。

此外，顶界面上的灯具、通风口、扬声器和自动喷淋、烟感等设施也应该纳入设计的范围。要特别注意灯具的配置，因为它们的形式既可以影响空间的体量感和比例关系，灯光照明又能使空间具有或豪华、或朴实、或平和、或活跃的不同气氛。

第三节　室内空间界面设计具体造型原则

(1) 装饰、装修要与室内空间各界面的特定要求相协调一致，达到高度的、有机的统一。

(2) 在室内空间环境的整体氛围上，要服从不同功能的室内空间的特定要求，在实用的基础上创造典雅的气氛。

(3) 室内空间界面在处理上切忌过分突出。因为室内空间界面始终是室内环境的背景，对室内空间家具和陈设起烘托、陪衬作用，若过分重点处理，势必喧宾夺主，影响整体空间的效果。但是，对于需要营造特殊气氛的空间，如舞厅、咖啡厅等，有时也对室内空间界面做重点装饰处理，以加强效果。

(4) 充分利用材料的质感。质地美，能加强艺术表现力，给人以不同的感受。质粗使人感到稳重、深厚，粗糙可以吸收光线，使人感到光线柔和；质细使人感到轻巧、精致，表面光滑可以反射光线，使人感到光亮。一般说来，大空间、大面积，宜粗，小面积的重点宜细。

(5) 充分利用色彩的效果。虽然形状是物质的基础，色彩是从属于形式和材料的，各人对形状和色彩的反应并不完全一样，但是，色彩对视觉却有强烈的感染力，有着较强的表现力。色彩效果包括生理、心理和物理三方面的效应，所以说，色彩是一种效果显著、工艺简单和成本经济的装饰手段。确定室内环境的基调，创造室内的典雅气氛，主要靠色彩的表现力。一般来说，室内色彩应以低纯度为主，局部面积如地面、顶棚，或者是部分墙壁，可作高纯度处理，家具可作对比色处理，才能达到低纯度中有鲜艳、典雅中有丰富、协调中有对比的效果。

(6) 利用照明及自然光影在创造室内气氛中起烘托作用。需要安静及私密性的空间光线要较暗淡些，甚至若隐若现；热闹及公共性空间则要光线明亮和灯光辉煌。利用天窗的顶光以增多自然光线，利用空花、窗花、格顶棚等以增加光影的变化，等等。

(7) 充分利用其他造型艺术手段，如图案、壁画、几何形体、线条等的艺术表现力。形状是物体的基础，利用形状才能保证根本的艺术效果。

(8) 在建筑物理方面，如隔热保温、隔音、防火、防水，也包括空调设备等，主要是按照需要及条件来考虑和选择。

(9) 构造施工上要简洁，经济合理。

第四节　室内空间界面设计具体形式法则

就室内空间而言，一方面要满足人们一定的功能使用要求；另一方面还要满足人们精神感受上的要求。为此，不仅要赋予它实用的属性，而且应当赋予它美的属性。设计师的一项重要任务就是要创造美，创造美的环境。“美”的含义很广泛很复杂，但是形式美无疑是其中很重要很直观的一项内容。重视对形式的处理是建筑设计、室内设计乃至工业产品设计与景观设计的共同之处，也是一切造型艺术的重要内容。

人们要创造出美的空间环境，就必须遵循美的法则来构思并实现它。那么，究竟有没有一种能被大家普遍接受的美的法则呢？如果从辩证唯物主义的观点来看，答案是毋庸置疑的，但是在实践中，人们还是不可避免地存在着种种疑问和模糊认识。这固然是由于美学本身的抽象性和复杂性所造成的。更为主要的原因则是把形式美的规律和人们审美观念的差异、变化和发展混为一谈。应当指出：形式美的规律和审美观念是两种不同的范畴，前者是带有普遍性、必然性和持久性的法则；后者则是随着民族、地区和时代的不同而变化发展的、较为具体的标准和尺度。形式美的规律应当体现在一切具体的艺术形式之中，尽管这些艺术形式由于审美观念的差异而千差万别。

由于时代的不同，地域、文化及民族习俗的不同，古今中外的室内设计作品在形式处理方面有很大的差别，但凡是优秀的室内环境，在形式方面一般都遵循一个共同的准则——多样统一。

多样统一，也称有机统一，可以理解成在变化中求统一，在统一中求变化。任何一个室内设计作品，一般都具有若干个不同的组成部分，这些部分之间既有区别，又有内在的联系，只有把它们按照一定的规律有机地组合成为一个整体，才能达到理想的效果。这时，就各部分的差别，可以看出多样性和变化；就各部分之间的联系，可以看出和谐与秩序。既有变化，又有秩序就是室内设计乃至其他造型艺术、其他设计的必备原则。在室内环境中，如果缺乏秩序，会显得杂乱无章；反之，如果缺乏多样性与变化，则必然流于单调，而杂乱和单调都不可能构成令人赏心悦目的美的形式。因此，一个室内设计作品要想唤起人们的美感，既不能没有秩序，又不能缺乏变化，应该达到变化与统一的平衡。

多样统一作为形式美的准则，具体说来，主要包含以下几个方面的内容，即均衡与稳定，对比与微差，韵律与节奏，重点与一般。

一、均衡与稳定

现实生活中的一切物体都摆脱不了地球引力——重力的影响，人类的建造活动从某种意义上说就是与重力斗争的产物。在长期实践中人们逐渐形成了一套与重力有联系的审美观念，这就是均衡与稳定。人们从自然现象中意识到一切物体要想保持均衡与稳定，就必须具备一定的条件，如像树那样下部粗、上部细，像山那样下部大、上部小，像人那样具有左右对称的体形，像鸟那样具有双翼……除了自然的启示外，人们还通过自己的建造实践证实了上述均衡与稳定的原则，并认为凡是符合这样的原则，不仅是安全的，也是舒服的。

在室内设计中，一般而言，稳定常常涉及的是空间内部各要素上、下之间的轻重关系处理，在传统的概念中，上小下大，上轻下重是达到稳定的常见方法。当然，如今也有不少设计借助于新型材料与技术，而把这种关系颠倒过来，以获得新奇的效果。

均衡一般涉及的是室内构图中各要素左与右、前与后之间的相对轻重关系处理。均衡包括静态均衡和动态均衡。

静态均衡有两种基本形式：一种是对称的形式，另一种是非对称的形式。对称是极易达到均衡的一种方式，而且往往同时还能取得端庄严肃的空间效果。但对称的方法也有不足，其主要原因是在现代建筑室内功能日趋复杂的情况下，很难达到沿中轴线完全对应的关系，因此，其适用范围就受到很大的限制。为了解决这一问题，有时设计师会采用基本对称的方法，即既要使人们感到轴线的存在，轴线两侧的处理手法又并不完全相同，这种方法往往显得比较灵活。除此之外，人们还常常用不对称的方式来保持均衡，即不强求轴线和对称，而是通过左右前后等各方面要素的综合处理以求达到平衡的效果。与对称均衡相比，不对称均衡显得要轻巧活泼得多。

除了静态均衡外，有很多现象是依靠运动来求得平衡的，如旋转着的陀螺、行驶着的自行车、展翅飞翔的鸟儿等，就属于这种形式的均衡，一旦运动中止，平衡的条件也将随之消失，人们把这种形式的均衡称为动态均衡。由于室内环境各元素发生大规模动态变化的可能性较小，因而动态平衡在室内设计中运用得不太多，但在有些设计作品中，也能看出设计师在用动态平衡的观点来思考问题，如在某些展示空间的设计中，考虑人在连续行进的过程中对室内景物形体和轮廓变化的感受等。

二、对比与微差

室内空间的功能多种多样，再加上结构类型、家具设备配套方式、业主爱好等的不同，必然会使室内空间在形式上也呈现出各式各样的差异。这些差异有的是对比，有的则是微差，作为室内设计师来讲，研究的正是如何利用这种对比与微差去创造富有美感的室内空间。

对比指的是要素之间的差异比较显著；微差则指的是要素之间的差异比较微小。当然，这两者之间的界线也很难确定，不能用简单的数学关系加以说明。例如，一列由小到大连续变化的要素，相邻者之间由于变化微小，具有连续性，表现出一种微差的关系；如果从中间抽去若干要素，就会使连续性中断，凡是连续性中断的地方，就会产生引人注目的突变，这种突变会表现为一种对比关系，而且突变程度越大，对比就越强烈。

在室内设计中，对比与微差是十分常用的手法。对比可以借彼此之间的烘托来突出各自的特点以求得变化；微差则可以借相互之间的共同性而求得和谐。没有对比，会使人感到单调，但过分强调对比，也可能因失去协调而造成混乱，只有把两者巧妙地结合起来，才能达到既有变化又充满和谐的效果。在室内环境中，对比与微差主要体现在同一性质间的差异上，如大与小、直与曲、虚与实以及不同形状、不同色调、不同质地等。

三、韵律与节奏

自然界中许多事物或现象，往往由于有规律的重复或有秩序的变化，激发起人们的美感。例如，将一颗石子投入水中，激起一圈圈的涟漪从中心往外扩散，这就是一种富有韵律感的自然现象。对于这样的一些类似现象，人们有意识地加以模仿和运用，从而创造出各种具有条理性、重复性和连续性为特征的美的形式——韵律美。在设计实践中，韵律的表现形式很多，比较常见的有连续韵律、渐变韵律、起伏韵律与交错韵律，它们分别能产生不同的节奏感。

连续韵律一般是以一种或几种要素连续、重复地排列形成的，各要素之间保持恒定的距离与关系，可以无止境地连绵延长。连续韵律往往可以给人以规整整齐的强烈印象。

把连续重复的要素在某一方面按照一定的秩序或规律逐渐变化，如逐渐加长或缩短、变宽或变窄、增大或减小、变紧密或变稀疏，就能产生一种渐变的韵律。渐变韵律往往能给人一种循序渐进的感觉或进而产生一定的空间导向性。

渐变韵律如果按一定的规律时而增加，时而减小，有如波浪起伏或者具有不规则的节奏感时，就形成起伏韵律，这种韵律常常比较活泼而富有运动感。

交错韵律是把连续重复的要素按一定的规律相互交织、穿插而形成的韵律。各要素相互制约，一隐一显，表现出一种有组织的变化。这种韵律既有明显的条理性又因为各元素的穿插而表现出丰富的变化。

韵律在室内设计中的体现十分普遍，我们可以在形体、界面、陈设等诸多方面都感受到韵律的存在。韵律本身所具有的秩序感与节奏感，既可以加强室内环境的整体统一效果，又能够产生丰富的变化，从而体现出多样统一的原则。

四、重点与一般

在由若干不同要素组成的整体中，各组成要素的地位与重要性不能一律对待，它们应当有主与从的区别，否则就会主次不分，使人感到平淡无奇，削弱整体的有机统一性。在室内设计中，从空间限定到造型处理乃至细部陈设与装饰都涉及重点与一般的关系。各种艺术创作中的主题与副题、主角与配角、主体与背景的关系也正是重点与一般的关系的体现。在建筑设计中，常用通过轴线、体量、对称等手法达到主次分明的效果，这些方法在室内设计中也被广泛地运用。

此外，室内设计中还有一种突出重点的手法，即运用“趣味中心”的方法。趣味中心有时也称视觉焦点，指的是整体环境中最引人入胜的重点或中心。它一般都是作为室内环境中的重点出现。有时体量并不一定很大，但位置十分重要。可以起到点明主题、统率全局的作用。能够成为“趣味中心”的物体一般都具有新奇刺激、形象突出、具有动感和恰当含义等特征。

根据心理学的研究，人会对反复出现的外来刺激产生适应，停止做出反应，因此，要想引人入胜，形成趣味中心，必须具备新奇性与刺激性。在具体设计中，常采用在形、色、质、尺度等方面与众不同的物体，以吸引人的注意，创造独特的景观。

形象与背景的关系是格式塔心理学研究中的一个重要问题。人在观察事物时，总是把形象理解为“一件东西”或者“在背景之上”，而背景似乎总是在形象之后起着衬托作用。一般情况下，人们倾向于把小面积的事物、把凸出来的东西作为形象，而把大面积和平坦的东西作为背景。在理论上，形象与背景可以互相转化，现代绘画中也经常使用形象与背景交替的处理手法，但在处理室内趣味中心时，却应该有意识地让形象与背景有明显区别，以便使人做出正确的判断，起到突出重点的作用。

运动的物体能使人眼做出较为敏捷的反应，极易影响视觉注意力。人眼的这种特性，早被艺术家所发现和利用，古希腊的“掷铁饼者”和汉代的“马踏飞燕”等作品正是以它们的动感成为不朽之作。室内设计师在设计中也要注意发挥眼睛的这种特点。随着时代的发展，艺术家们创造出了真正能够活动的动态雕塑，赢得了人们的极大兴趣，常常成为室内环境中的趣味中心。

人在观赏物品时，知觉总是会发生“看—赋予含义”的过程。如果作为趣味中心的物品含义过于明显，不需经过太多的思维活动就能得出结论，人们可能会产生兴趣索然的感觉。同样，如果趣味中心的含义过于晦涩难懂，人们也可能会采取敬而远之的态度。适当的做法是提供适量的刺激，吸引人们的注意力并做出一定的结论，但同时又不能过于一目了然，要能吸引人们经常不断注目，并且每次都能联想出一些新内容，每次都由观赏者从自己以往的经验中联想出新的含义，这样的物品也就自然而然地成为室内空间的重点所在。

总而言之，室内空间造型原则和形式美的法则是室内设计中具有普遍意义的重要原则。它们涉及空间限定与组织、界面造型处理、家具陈设布置等各方面的内容，能够为设计师们提供有益的创作依据，可以使设计师在创作时有章可循，少犯或不犯错误，塑造出良好的室内环境。不过，一项真正优秀的室内设计作品离不开设计者的构思与创意，如果创作之前没有明确的艺术意图，即便作品具有了优美的形式，也难以感染大众。只有设计师具备了不俗的立意，同时拥有娴熟的技巧，充分灵活地运用这些原则，才能真正做到“寓情于物”，才能通过艺术形象唤起人们的思想共鸣，才能创造出真正称得上具有艺术感染力的“美”的作品。

第三章　室内采光与照明设计

光是地球生物生存的保障，是人类认知世界的手段，无论是作为能源，还是作为一种刺激信号，它都是关乎生物生息繁衍和行为引导的重要事物。就室内设计而言，没有良好的光环境，空间就无所谓存在，光在室内空间中的直接意义就在于为人们提供了一个良好的视觉环境，使空间价值得以实现。随着经济的发展、科技的进步，以及人们生活方式的改变和审美意识的提高，仅为实现亮化的照明已经不能适应时代的发展，而提供具有使用与审美双重价值、满足生理与心理双重需求的光环境成为人们对室内照明设计的全新追求。良好的室内照明设计既有利于室内设计其他方面内容的更好体现，同时也对它们存在一定的依附性。室内照明设计要从基本照明需求、空间特定的功能需求、光环境氛围的营造等角度入手，将室内照明设计与空间形态设计、装修设计、陈设艺术设计紧密结合，实现它们的有机统一和完美结合，以创造优质化、人性化的室内空间环境。这便要求设计师具备对空间功能的分析能力、对空间其他方面设计特点的审视能力，以及全面的室内照明设计知识和较高的照明艺术鉴赏能力。本章就对室内采光与设计的相关概念进行概述。

第一节　室内采光照明的基本概念与要求

一、室内采光照明的基本概念

人对室内空间色彩、质感、空间、构造细节的感受，主要依赖于视觉来完成。如果离开光，一切都无从说起。就人的视觉来说，没有光也就等于没有一切。在室内设计中，光不仅能满足人们视觉功能的需要，而且可以给居住者以美的享受。光能直接影响到人对物体大小、形状、质地和色彩的感知，它不仅能形成空间、改变空间，而且能破坏空间。因此，室内照明是室内设计的重要组成部分之一，在设计之初就应该考虑清楚室内设计照明使用和审美需求。

人在不同照度条件下，具有不同的视觉能力，人的视觉器官不仅能反映光的强度（具有光亮感），而且能反映光波长的特点（具有颜色感）。由于光辐射（或反射），人们能够感觉客观事物的各种不同色彩，从而从外界事物获取信息，产生多种作用和效果。光辐射不仅在人们生活中，而且在环境照明中也具有重要的意义。

环境照明设计的任务，在于借助光（包括天然的光和人工的光）的性质和特点，使用不同的光源和照明器具及照明方式，在特有的空间中，有意识地创造环境气氛和意境，增加环境的艺术性，使环境更加符合人们的心理和生理要求。光对人们的精神状态和心理感受产生积极的影响。

在现代照明设计中，照明还具有装饰空间的作用。一方面创造环境空间的形和色，并使之融为一体，借助于各种光效应而产生美的韵律；另一方面，通过灯具的造型及排列、配置，改善空间比例，对空间起着点缀和强化艺术效果的作用，体现了光的装饰表现力。

二、照明设计的相关要求

采光照明设计是一项复杂的工作，要考虑的内容很多，主要包括照度设置、亮度分布、光源显色性、光源稳定性、光的颜色、眩光等各项照明质量指标。而不同的照明目的也正是通过对上述指标控制的不同才能实现，因此要根据空间的功能性质对各种质量要求进行合理定位和综合考虑。

（一）合理的照度设置

照度是决定受照物明亮程度的间接指标，照度水平常被用作衡量照明质量的基本技术指标。

1. 合理的照度水平

照度与人的视功能有直接的联系，当空间照度低时，人的视功能也降低；反之，当照度提高时，人的视功能也随之提高。人们进行不同的工作或从事不同活动时，由于目标物或目的的差异，而需要不同的照度保障，以满足不同的视觉工作需求。不仅如此，正因为照度的变化影响人的视觉功能，所以其能够进而影响人的情绪。因而，照度水平合理与否与空间功能和人的行为性质有关，应进行区别对待。在工作空间中，不仅需要满足特定空间的明视照明需求，还应使空间受用者保持良好的心理和生理状态，这既是对人性的关爱，也是对工作质量、工作效率的进一步保障，因而要避免低照度引起人的疲劳和精神不振，同时要防止过高的照度诱发人的紧张和兴奋感。而对于休闲空间和娱乐空间等以环境照明为主的空间来说，因环境氛围的塑造要比明视需求显得重要，所以，以适当的低照度使人产生放松、悠闲的情绪更为适宜。

2. 均匀的照度布置

空间内跳跃过大的照度变化，会促使人因被动适应而造成视觉疲劳，因此，需要提供一个照度均匀的照明环境。而实际上，由于视场内目标物的位置并非绝对，造成它们与预期光源的相对位置难以确定，因而不可能做到照度的绝对均匀，故只能要求达到相对均匀。国际照明委员会推荐，在一般照明情况下，工作区域最低照度和平均照度之比不能小于0.8，工作所在房间的整体平均照度一般不应小于工作区域平均照度的1/3。欲达到上述要求，应使灯具布置间距不大于选用灯具的最大允许距高比，且靠近墙壁的一排灯具与墙壁间的距离应保持在L/3 ~ L/2的范围（L为灯具间距）。除此之外，如果要求照明的均匀度很高，可采用间接型、半间接型照明灯具或光带等形式来满足要求。

3. 针对性的照度定位

不同的建筑物，不同的场所，存在着使用功能的差异，所以要求有不同的照度水平。即使在同一场所，因区域功能性的差异，也要求照度值采取相应的变化。这一方面是要求根据建筑的功能性质进行照度定位，从总体进行符合功能性质的照度策划。另一方面，也要求在特定建筑的不同功能区域进行有别的照度安排，使不同功能空间的差异得以体现，以便更好地创造符合各自功能要求和氛围需求的照明环境。

(二) 适宜的亮度分布

在室内环境中，如果视场内各区域亮度跨度较大，当人们的视线在这些不同区域间流转时，需要视觉适应，而重复的这种行为势必造成视觉疲劳。因而，室内照明设计中应考虑同一视场内不同区域，以及界面亮度或目标物亮度的均匀性，以保障照明环境的舒适感。这需要设计师在进行布光设置时既要进行一般性亮度设计，又要充分考虑不同界面和物体材质的反射率，以进行针对性的亮度调整。

亮度的分布也并非要求绝对均匀，适度的亮度变化有利于目标物的凸显和氛围的营造。例如，通常情况下环境亮度应略低于该区域内主体目标物的亮度。CIE 推荐当目标物的亮度是其所在区域环境亮度的 3 倍时，此时目标物的凸出地位较为明显，视觉清晰度较好。

(三) 适宜的光源色表和显色性

色表（表观颜色）与显色性是光源光谱特性的两个重要表征，决定了光源的颜色质量。但光源的色表与显色性之间没有必然的联系，即色表相同的光源显色性可能相差很大，而不同色表的光源也可能显色性几乎相同。理想的照明环境，应是对光源色表与显色性的协调考虑。之所以需要同时考虑，是因为尽管它们同时影响光源的颜色质量，但它们对照明效果影响的层面是不同的。

1. 根据照明目的确定光源的显色要求

当侧重室内环境氛围塑造时，更多的是考虑对光源色表的要求。光源的色表通常以色温（K）表示，不同色温的光源有不同的观感效果，对烘托环境氛围起到不同的作用。例如，色温小于 3300 K 的光线呈现偏暖色的效果，适合用于体现温馨、舒缓的环境和在低温地区使用；色温在 3300 ~ 5000 K 之间的光线为中间色调，具有中性色彩感，一般空间均可使用：色温大于 5000 K 的光线偏冷色，适合用于容易使人情绪浮躁的环境，以降低人的燥热感。

在注重对目标物观感效果体现的情况下，对光源显色性的要求就要相应地提高。太阳光是我们最经常接触的光，由于我们的适应性，我们已经习惯于认为太阳光下看到的物体颜色是最真实的，所以与日光接近的光源的显色性最好，最能够体现事物的本质颜色。事实上，我们目前的光源都达不到与太阳光相当的显色性，但我们可以根据不同功能空间的显色要求，选择显色性适宜的光源。

2. 选择适宜的照度与色温搭配

通常情况下，低照度不可能体现事物的本质颜色，即低照度光源显色性较差。但这并不意味着高照度光源就一定具有很好的显色性，只有适度的高照度才能显示事物的真实颜色。光源照度和色温的不同搭配又会形成不同的表现效果，对照明质量影响很大。例如，低照度时，低色温的光使人感到舒适、愉快，而高色温的光会使人感到阴沉、寒冷；高照度时，低色温的光有刺激感，使人感觉不舒服，高色温的光则使人感到舒适、愉快。因此，在低照度时宜选择低色温光源（暖光），高照度时宜选择中高色温光源（冷白光）。

（四）稳定的光环境

室内照明光环境的稳定性是照明质量的一个重要特性，稳定性不好，轻则影响空间功能的正常实现，重则危害人的身体健康。例如，人在工作或学习时，如果室内照明的照度突然发生变化，势必会打断我们的工作或学习，分散注意力，甚至引起心理恐慌；而如果人们长期在这种照度不断变化的光环境中生活，视力会受到严重影响。

引起照明不稳定的原因有很多，其中最主要的原因是由电压波动引起。如果照明供电系统中存在大功率用电器，当此类用电器启动时会引起电压的波动，从而导致照明光源光通量的变化，造成照明的不稳定。因而，为提高照明的稳定性，在特殊的用电环境下要采取相应的措施。例如，可采取将照明供电与动力供电分路设置或采用稳压设施等措施保障照明电压的稳定。

照明不稳定的另一个主要原因是频闪效应。交流电电流的周期性变化，会使气体放电光源光通量产生周期性变化，人们在这样的光环境中观察运动的物体时，就会产生错觉，这种现象叫作频闪效应。当转动物体的转动频率与灯光闪烁频率成整数倍时，人们会有物体不动的错觉，从而容易导致事故的发生，所以，气体放电光源不宜用于有快速转动或有快速移动物体的场合。即使在一般空间中使用气体放电光源时，也应采取一定的措施降低频闪效应。

另外，光源（或灯具）的摇摆也容易产生光照度的变化，严重情况下可能引发频闪效应，造成对视觉的影响。

（五）适宜的光影效果

光源与被照物之间不同的位置关系，形成不同的光影效果。光影具有积极的意义，也有负面的影响；光影是可利用的，也是可消除的，对光影的取舍决定于照明目的和空间功能。

对于工作空间来说，光影的存在有极大的不利影响。一方面，光影容易使人产生视错觉，形成对目标物形象或位置的错误认识，埋下安全隐患。另一方面，对具有多角度光影的物体的长时间观察容易加速视觉疲劳，降低工作效率，且严重伤害视力。因此，在工作环境中，照明设置要通过调整光源与物体的位置关系、增加光源密度等手段，尽量削弱光影的效果。

对于环境照明和装饰照明来说，光影恰恰是用来增添装饰效果的手段之一，尤其是对于装饰照明来说，光影成为渲染空间氛围的重要手段。在某些空间，可以通过不均匀的布光设置和一定的光源与物体的关系，制造不同的光影效果，起到增强空间感，增加空间的视觉丰富性、趣味性等作用。

（六）限制眩光

视野中由于不适宜的亮度分布，或在空间或时间上存在极端的亮度对比，以致引起视觉不舒适和降低物体可见度的视觉条件，称为眩光。根据眩光产生的结果，可分为失能眩光和不舒适眩光两种。无论哪种形式的眩光，都将影响照明质量，甚至伤及人体。

对于眩光产生的原因，不再多作介绍。为了限制眩光，我们应该针对眩光产生的原因采取相应的措施。例如，布光时应注意光照度的均匀性，即使在需要特殊光效的情况下，也要对相邻区域的照度差进行合理的调配；要合理定位空间的照度要求，并综合考虑空间各种材质的光反射特性，确定合理的照度水平，选择遮光角较大的灯具；同时应根据视线距离选择合适照度的光源，结合光源的密度控制光环境的照度水平，或采用低照度、大发光面的灯具等各种手段来降低甚至消除眩光。

第二节　室内采光部位与照明方式

一、室内采光部位与光源类型

关于室内采光部位与光源类型，这里主要从室内采光部位、光源类型进行具体的讨论。

(一) 室内采光部位

利用自然采光，不仅可以节约能源，并且在视觉上更为习惯和舒适，在心理上能和自然接近、协调，可以看到室外景色，更能满足精神上的要求，如果按照精确的采光标准，日光完全可以在全年提供足够的室内照明。室内采光效果，主要取决于采光部位和采光口的面积大小和布置形式，一般分为侧光、高侧光和顶光三种形式。侧光可以选择良好的朝向、室外景观，使用维护也较方便，但当房间的进深增加时，采光效率很快降低，因此，常加高窗的高度或采用双向采光或转角采光来弥补这一缺点。某海滨别墅和珠海石景山庄，窗高，不但有良好的景观，而且室内充满阳光，明朗而富有生气。高侧采光，照度比较均匀，留出较多的墙面可以布置家具、陈设，常用于展览、商场，但使用不便。

顶光的照度分布均匀，影响室内照度的因素较少，但当上部有障碍物时，照度就急剧下降。此外，在管理、维修方面较为困难。

室内采光还受到室外周围环境和室内界面装饰处理的影响，如室外临近的建筑物，既可阻挡日光的射入，又可从墙面反射一部分日光进入室内。此外，窗面对室内说来，可视为一个面光源，它通过室内界面的反射，增加了室内的照度。由此可见，进入室内的日光（昼光）因素由直接天光、外部反射光、室内反射光二部分组成。

此外，窗子的方位也影响室内的采光，当面向太阳时，室内所接收的光线要比其他方向的要多。窗子采用的玻璃材料的透射系数不同，则室内的采光效果也不同。

自然采光一般采取遮阳措施，以避免阳光直射室内所产生的眩光和过热的不适感觉。温州湖滨饭店休息厅采用垂直百叶，昆明金龙饭店中庭天窗采用白色和浅黄色帷幔，使室内产生漫射光，光线柔和平静。但阳光对活跃室内气氛、创造空间立体感以及光影的对比效果起着重要的作用。

（二）光源类型

光源类型可以分为自然光源和人工光源。我们在白天才能感到自然光，即昼光（Day Light）。昼光由直射地面的阳光（或称日光 Sun Light）和天空光（或称天光 Sky Light）组成。自然光源主要是日光，日光的光源是太阳，太阳连续发出的辐射能量相当于约 6000K 色温的黑色辐射体，但太阳的能量到达地球表面，经过了化学元素、水分、尘埃微粒的吸收和扩散。被大气层扩散后的太阳能可以产生蓝天，或称天光，这个蓝天才是作为有效的日光光源，它和大气层外的直接的阳光是不同的。当太阳高度角较低时，由于太阳光在大气中通过的路程长，太阳光谱分布中的短波成分相对减少更为显著，故在朝、暮时，天空呈红色。

当大气中的水蒸气和尘雾多，混浊度大时，天空亮度高而呈白色。

人工光源主要有白炽灯、荧光灯、氖管灯、高压放电灯。

家庭和一般公共建筑所用的主要人工光源是白炽灯和荧光灯，放电灯由于其管理费用较少，近年也有所增加。每一光源都有其优点和缺点。

1. 白炽灯

自从爱迪生时代起，白炽灯基本上保留同样的构造，即由两金属支架间的一根灯丝，在气体或真空中发热而发光。在白炽灯光源中发生的变化是增加玻璃罩、漫射罩以及反射板、透镜和滤光镜等，进一步控制光。

白炽灯可用不同的装潢和外罩制成，一些采用晶亮光滑的玻璃，另一些采用喷砂或酸蚀消光，或用硅石粉末涂在灯泡内壁，使光更柔和。色彩涂层也运用于白炽灯，如珐琅质涂层、塑料涂层及其他油漆涂层。

另一种白炽灯为水晶灯或碘灯，它是一种卤钨灯，体积小、寿命长。卤钨灯的光线中都含有紫外线和红外线，因此受到它长期照射的物体都会褪色或变质。最近日本开发了一种可把红外线阻隔、将紫外线吸收的单端定向卤钨灯，这种灯有一个分光镜，在可见光的前方，将红外线反射阻隔，使物体不受热伤害而变质。

白炽灯的优点有：

(1) 光源小、便宜。

(2) 具有种类极多的灯罩形式，并配有轻便灯架、顶棚和墙上的安装用具和隐蔽装置。

(3) 通用性大，彩色品种多。

(4) 具有定向、散射、漫射等多种形式。

(5) 能用于加强物体立体感。

(6) 白炽灯的色光最接近于太阳光色。

白炽灯的缺点有：

(1) 其暖色和带黄色光，有时不一定受欢迎。日本制成能吸收波长为570~590nm 黄色光的玻璃壳白炽灯，使光色比一般的白炽灯白得多。

(2) 对所需电的总量说来，发出的较低的光通量，产生的热为 80%，光仅为 20%，节能性能较差。

(3) 寿命相对较短（1000 h）。

美国推出一种新型节电冷光灯泡，在灯泡玻璃壳面镀有一层银膜，银膜上面又镀一层二氧化钛膜，这两层膜结合在一起，可把红外线反射回去加热钨丝，而只让可见光透过，因而可大大节能。使用这种 100 W 的节电冷光灯，只耗用相当于 40W 普通灯泡的电能。

2. 荧光灯

这是一种低压放电灯，灯管内是荧光粉涂层，它能把紫外线转变为可见光，并有冷白色（CW）、暖白色（WW）、Deluxe 冷白色（CWX）、Deluxe 暖白色（WWX）和增强光等。颜色变化是由管内荧光粉涂层方式控制的。Deluxe 暖白色最接近于白炽灯，Deluxe 管放射更多的红色，荧光灯产生均匀的散射光，发光效率为白炽灯的 1000 倍，其寿命为白炽灯的 10~15 倍，因此荧光灯不仅节约电，而且可节省更换费用。

日本最近推出贴有告知更换时间膜的环形荧光灯。当荧光灯寿命要结束时，亮度逐渐减低而电力消耗增大，该灯根据膜的颜色，由黄变成无色，即可确定为最佳更换时间。

日光灯一般分为三种形式，即快速起动、预热起动和立刻起动，这三种都为热阴极机械起动。快速起动和预热起动管在灯开后，短时发光；立刻起动管在开灯后立刻发光，但耗电稍多。由于日光灯管的寿命和使用起动频率有直接的关系，从长远的观点看，立刻起动管花费最多，快速起动管在电能使用上似乎最经济。在 Deluxe 灯和常规灯中，日光灯管都是通用的，Deluxe 灯在色彩感觉上有优越性（它们放光更红），但约损失 1/3 的光。因此，从长远观点看是不经济的。

3. 氖管灯（霓虹灯）

霓虹灯多用于商业标志和艺术照明，近年来也用于其他一些建筑。形成霓虹红灯的色彩变化是由管内的荧粉涂层和充满管内的各种混合气体，并非所有的管都是氖蒸气，氩和汞也都可用。霓虹灯和所有放电灯一样，必须有镇流器能控制的电压。霓虹灯是相当费电的，但很耐用。

4. 高压放电灯

高压放电灯至今一直用于工业和街道照明。小型的在形状上和白炽灯相似，有时稍大一点，内部充满汞蒸气、高压钠或各种蒸气的混合气体，它们能用化学混合物或在管内涂荧光粉涂层，校正色彩到一定程度。高压水银灯冷时趋于蓝色，高压钠灯带黄色，多蒸汽混合灯冷时带绿色。高压灯都要求有一个镇流器，这样最经济，因为它们产生很大的光量和发生很小的热，并且比日光灯寿命长 50%，有些可达 24000 h。

不同类型的光源具有不同色光和显色性能，对室内的气氛和物体的色彩产生不同的效果和影响，应按不同需要选择。

二、室内照明方式

对裸露的光源不加处理，既不能充分发挥光源的效能，也不能满足室内照明环境的需要，有时还能引起眩光的危害。直射光、反射光、漫射光和透射光，在室内照明中具有不同用处。在一个房间内如果有过多的明亮点，不但互相干扰，而且造成能源的浪费；如果漫射光过多，也会由于缺乏对比而造成室内气氛平淡，甚至因其不能加强物体的空间体量而影响人对空间的错误判断。

因此，利用不同材料的光学特性，利用材料的透明、不透明、半透明以及不同表面质地制成各种各样的照明设备和照明装置，重新分配照度和亮度，根据不同的需要来改变光的发射方向和性能，是室内照明应该研究的主要问题。例如，利用光亮的镀银的反射罩作为定向照明，或用于雕塑、绘画等的聚光灯；利用经过酸蚀刻或喷砂处理成的毛玻璃或塑料灯罩，使形成漫射光来增加室内柔和的光线等。

照明方式按灯具的散光方式分为：

（一）间接照明

由于将光源遮蔽而产生间接照明，把 90% ~ 100% 的光射向顶棚、穹窿或其他表面，从这些表面再反射至室内。当间接照明紧靠顶棚，几乎可以造成无阴影，是最理想的整体照明。从顶棚和墙上端反射下来的间接光，会造成顶棚升高的错觉，但单独使用间接光，则会使室内平淡无趣。

上射照明是间接照明的另一种形式，筒形的上射灯可以用于多种场合，如在房角地上、沙发的两端、沙发底部和植物背后等处。上射照明还能对准一个雕塑或植物，在墙上或顶棚上形成有趣的影子。

（二）半间接照明

半间接照明将 60% ~ 90% 的光向顶棚或墙上部照射，把顶棚作为主要的反射光源，而将 10% ~ 40% 的光直接照于工作面。从顶棚来的反射光，趋向于软化阴影和改善亮度比，由于光线直接向下，照明装置的亮度和顶棚亮度接近相等。具有漫射的半间接照明灯具，对阅读和学习更可取。

（三）直接间接照明

直接间接照明装置对地面和顶棚提供近于相同的照度，即均为 40%~60%，而周围光线只有很少一点。这样就必然在直接眩光区的亮度是低的。这是一种同时具有内部和外部反射灯泡的装置，如某些台灯和落地灯能产生直接间接光和漫射光。

（四）漫射照明

这种照明装置对所有方向的照明几乎都一样，为了控制眩光，漫射装置圈要大，灯的瓦数要低。

上述四种照明方式，为了避免顶棚过亮，下吊的照明装置的上沿至少应低于顶棚 30.5 ~ 46 cm。

(五) 半直接照明

在半直接照明灯具装置中，有60%～90%的光向下直射到工作面上，而其余10%～40%的光则向上照射，由下射照明软化阴影的光的百分比很少。

(六) 宽光束的直接照明

具有强烈的明暗对比，并可造成有趣生动的阴影，由于其光线直射于目的物，如不用反射灯泡，会产生强眩光。鹅颈灯和导轨式照明属于这一类。

(七) 高集光束的下射直接照明

因高度集中的光束而形成光焦点，可用于突出光的效果和强调重点的作用，它可提供在墙上或其他垂直面上充足的照度，但应防止过高的亮度比。

第三节　照明灯具及其附件的应用

一、照明灯具介绍

室内照明设计使用到的灯具种类有很多，这里主要介绍下面几种：

(一) 白炽灯

白炽灯是根据热辐射原理制成的，白炽灯的主要部件为灯丝、支架、泡壳、填充气体和灯头。灯丝是自炽灯的发光部件，由钨丝制成，为减少钨丝与灯中填充气体的接触面积，从而减少由于热传导所引起的热损失，常将直线状钨丝绕成螺旋状，采用双重螺旋灯丝的白炽灯，光效更高，灯丝的形状和尺寸必须根据使用要求来确定和设计。

白炽灯的灯丝被包围在一个密封的泡壳中，从而与外界空气隔绝，避免因氧化而烧毁，泡壳通常采用钠钙玻璃，大功率灯用耐热性能好的硼硅酸盐玻璃，除普通明泡以外，还根据不同的应用情况，对泡壳进行一些处理，可以采用氢氟酸对泡壳内表面进行磨砂处理，以防止眩光，用彩色玻璃或采用内涂、外涂的方法使泡壳着色，可以做成彩色白炽灯。

为了减少灯丝的蒸发，从而提高灯丝的工作温度和光效，必须在灯泡中充入合适的惰性气体，在普通白炽灯中，充氨氮混合气，氮的主要作用是防止灯泡产生放电，灯工作时的气压约为 1.5 × 105 Pa，希望提高灯的光效或延长灯的寿命时，可充氟气或氙气，以代替氩气。

灯头是白炽灯电连接和机械连接部分，按形式和用途主要可分为螺口式灯头、插 151 式灯头、聚焦灯头及各种特种灯头。在普通白炽灯中，采用前两种，最常用的螺口灯头为 E10、E14、E27、E40，最常用的插口灯头为 B15、B22，其中的数字表示灯头的直径，单位为 mm。

(二) 卤钨灯

在普通白炽灯中，灯丝的高温会造成钨的蒸发，而蒸发出来的钨沉积在泡壳上，会产生灯泡泡壳发黑的现象，卤钨灯为卤钨循环白炽灯，它是在普通白炽灯的基础上改进工艺，充入卤素而得。

为了使管壁处生成的卤化钨处于气态，卤钨灯的管壁温度要比普通白炽灯高很多，相应地，卤钨灯的泡壳尺寸就小得多，如 500 W 卤钨灯的体积只是通常自炽灯的 1%，这时普通玻璃承受不了，必须使用耐高温的石英玻璃或硬玻璃，由于泡壳尺寸小、强度高，因此灯内允许的气压就高，加之工作温度高，故灯内的工作气压要比普通充气灯泡高很多，由于在卤钨灯中钨的蒸发受到更有力的抑制，同时卤钨循环消除了泡壳的发黑，因而可大大提高灯丝的工作温度和光效，且不缩短灯的寿命。

卤钨灯的特点之一是光效较高，与相应的普通白炽灯相比，光效要高出很多。在卤钨灯中，由于卤钨循环有效地防止了灯泡发黑，卤钨灯在寿命期内的光维持率几乎达到 100%。

一般照明用的卤钨灯的色温为 2800 ~ 3200 K，与普通白炽灯相比，光色更白一些，色调也稍冷一点，卤钨灯的显色性十分好，一般显色指数 R0=100。

根据充入灯泡内部的卤素不同，可以分为碘钨灯和溴钨灯，溴钨灯的光效比碘钨灯高 4% ~5%，色温也有所提高。

(三) 荧光灯

荧光灯的灯管用钠钙玻璃按照所需的形状加工而成，为了控制短波长的透过率，在玻璃中掺入了氧化铁。它的电极由很细的钨丝绕制而成，一般有双螺旋和三螺旋两种形式，电极中充满电子发射材料，主要成分是碳酸钡、碳酸锶和碳酸钙，还有少量的锆或氧化锆，固定电极的引线一般由 3 部分组成：灯管内部是镍或铁镍合金，中间部分是能与玻璃形成良好密封的杜美丝，灯管外部一般为钢丝或镀铜铁丝。

在灯管内壁均匀涂布荧光粉，用以将紫外线转换成可见光，荧光粉是决定荧光灯光特性的重要因素，它不仅决定了灯的色温和显色性，还在很大程度上决定了灯的发光效率。常用的荧光粉主要有三种：

1. 卤磷酸钙荧光粉

卤磷酸钙荧光粉由两种激活剂构成，分别在蓝色和红色区域形成两个发射带，通过控制荧光粉的组成，可以做成 2500 ~ 7000 K 的各种色温的荧光灯。使用这种荧光粉，在红色区域辐射较少，因此显色性较差。

2. 三基色荧光粉

三基色荧光粉是稀土荧光粉，能在蓝、绿、红 3 个区域产生窄带光谱，通过不同荧光粉配比，可以做成各种色温的高性能荧光灯，与卤磷酸钙荧光粉相比，用该种荧光粉制成的灯，不仅光效高，而且显色性好，Ra 可以达到 80 以上，同时，由于这种荧光粉具有耐高温和承受强短波紫外辐射的能力，因此被广泛应用于细管径的荧光灯中。

3. 多个发射带的荧光粉

由于三基色荧光粉只有 3 个主要发射带，显色性能与白炽灯或日光相比，对于某些颜色仍会有差异，因此，对三基色荧光粉进行改进，开发了多个发射带的荧光粉，显色性能可以达到 95 ~ 98。

荧光粉涂层的厚度，通常用光电反射或透射决定的光学厚度来计算，而一般生产厂家也用荧光粉的重量来控制粉层的厚度，如果荧光粉涂层过厚，发出的可见光将会因为被荧光粉过度吸收而损失；相反，如果荧光粉涂层过薄，就会有一部分紫外线直接透过荧光粉层，而不转换为可见光。

除荧光粉外，有时荧光灯的泡壳上还有附加的涂层，如对于应用于无启动器的电路中的荧光灯，为了防止在湿度很大的条件下启动有困难，在灯管外部采用硅涂层；在反射型的荧光灯中，采用氧化铝白色粉末做成弧形的反射层，该反射层介于泡壳内壁与荧光粉层之间，光从无反射涂层的窗口部分透出，缝隙式的荧光灯结构上与反射型荧光灯相似，不同的是在缝隙式荧光灯中，在透光窗口部位没有荧光粉。

灯管内部处于接近真空的状态，只有压强非常低的惰性气体与饱和汞蒸气的混合气体，汞蒸气的压强取决于凝结在灯管最冷处的液态汞的温度，一般为0.5～0.8 Pa，惰性气体一般使用260～670 Pa的氩气或200～270 Pa的氪、氩混合气体（氪、氩的比例为3∶1），含氖的混合气体也被充填在灯管中，用来提高灯管的电压与功率。

荧光灯发光的基本过程是三级式的：自由电子被外加电场加速；当高速运动的电子与汞原子碰撞时，电子的动能使汞原子激发；受激汞原子以辐射发光的形式释放出所吸收的能量，随着自由电子不断被外电场加速，上述三级式过程也就不断地进行，荧光灯内的低气压汞蒸气放电将60%左右的输入电能转变成波长为253.7 nm的紫外辐射，而荧光粉能有效地将该波长的紫外辐射转变成可见光，从气体放电中直接发出的可见光比例很小，大部分是紫外线激发荧光粉转变出来的可见光。

二、灯具的主要附件

（一）镇流器

1. 镇流器的作用

（1）将灯的启动电流控制在合适范围内。启动电流是指灯在启动后30 s内，或灯在预热过程中通过灯的电流，它比正常工作电流大得多。每一种灯都有规定的启动电流，如果启动电流太大，将缩短灯的寿命；若启动电流太小，则灯不能点燃工作，镇流器的作用就是将启动电流控制在合适的范围内。

（2）开路电压足以使灯启动。镇流器的开路峰值电压作为灯的启动电压时，必须足以电离灯中的气体，即产生的电流能使电极间发生弧光放电，在实际应用时，开路峰值电压只要能使灯在启动时从辉光放电顺利过渡到弧光放电就行了。

(3) 使灯管功率不发生大幅度变化。光源在使用时，由于多种因素（灯管本身的、环境的，等等），灯管的工作电压会发生较大的变化，这就需要镇流器加以调整，不使灯管功率发生大幅度变化。

(4) 自动控制灯电流。控制灯电流是镇流器的重要功能之一，电阻性镇流器是利用电压正比于电流来调节电流的，而电感镇流器是利用电压正比于电流的时间变化率来调节的。

(5) 补偿电路功率因子。在电路中，功率因子不能太低，否则会因线路负荷太重而增加一次性投资，选用设计合理的镇流电路（镇流器），能较好地补偿放电电路的功率因子，如高压钠灯功率因子为86%左右，合理的镇流电路可使其功率因子提高到95%。

2. 镇流器的种类

(1) 电感镇流器。电感镇流器主要由铁芯与绕组构成，电感镇流器的铁芯主要有两种结构：芯式铁芯、壳式铁芯。芯式采用双线圈，线圈两端采用口字形铁芯，铁芯中间的空气隙用来调整电感量，由于芯式铁芯的空气隙全部包在绕组内，所以漏磁较小，噪声也小，但是芯式结构需要把两个绕组串联在一起工作，从而使绕线工艺比较复杂；壳式铁芯只需要一个绕组，构造比较简单，由该种铁芯制成的镇流器功率损耗较小，改进型的壳式铁芯，根据不同的产品规格而留有固定的气隙，可使两铁轭的漏磁很小，如将两铁轭互相焊接，则可使镇流器的噪声减弱到很小的程度，但这种结构对铁芯冲片精度要求较高。随着对照明节能的推广，节能型电感镇流器的设计和工艺等都从不成熟走向成熟，节能电感镇流器比传统电感镇流器节能约40%以上，已接近电子镇流器的水平，国内市场上目前出现的节能电感镇流器主要有两类结构形式：一类是铁芯叠片式；另一类是铁芯卷绕式，如采用环形铁芯的“环形电感镇流器”。

(2) 电子镇流器。从本质上说，电子镇流器是一个电源变换器，它将输入的电源电流进行频率、波形和幅度方面的改变，给灯管提高符合要求的能源，同时，还有一些其他的作用：控制灯的启动和输入功率等，照明用电子镇流器是以开关电源技术为基础而进行制造的。电子镇流器按其安装模式可分为独立式、内装式和整体式3种，独立式与灯具完全可分，且自带外壳；

内装式不带外壳，将裸机置于灯具中，但可自由拆卸；整体式又称一体化镇流器，与灯具完全成为一体，不可拆卸。

按其启动方式，电子镇流器可分为预热启辉型、快速启辉型和立即启辉型。电子镇流器除了前面所述的5项基本功能之外，还有更多的改进功能，如可以自动检测输入电压，从而使一个型号的镇流器能用于多种电压状态；一个镇流器能使3~4个光源一起工作；智能控制灯的启动和再启动；能使荧光灯系统实现无级调光等。

(二) 启辉器

启辉器又称为辉光启动器，这是一种经济、简单而可靠的启动元件，其结构是将两个双金属片材料做成的触点封入一个小型玻璃泡壳内，充入低压惰性气体或混合气体，再渗入微量的氚气以帮助电离，这个充气的小玻壳与一个小电容器一起装在一个带两个管脚的金属或塑料小圆柱盒内，辉光启动器有一个专门的固定插座供它插装，因此换用十分方便。

在开灯前，启动器的双金属片的触点被一个间隙隔开着，当电路接通时，电源电压足以激发玻壳内气体产生辉光放电，从而慢慢地加热接触片，使它们相互弯曲，直接接触，当接触片触及一二秒后，电源通过镇流器和灯的阴极形成了串联电路，一个相当强的预热电流迅速地在时间TH内对阴极予以加热，当双金属片接触时，由于接触片之间没有电压，因此辉光放电消失，然后接触片开始冷却，在一段很短的时间后它们靠弹性分离，使电路断开，由于电路呈电感性，当电路突然中断时，在灯的两端会产生持续时间约1 ms的600 ~ 1500 V的脉冲电压，其确切电压取决于灯的类型，这个脉冲电压很快地使充在灯内的气体和蒸气电离，电流即在两个相对的发射电极之间通过，在灯工作的情况下，灯两端的电压不足以使启动器再次点燃辉光，如果启动器是在交流电周期的零值附近弹开，则仅产生一个很小的脉冲电压，启动器会自动地再闭合，重新再对灯进行启动。

有时，当灯处于寿命末期、接近失效时，阴极可能还是完整的，但其发射已不足以维持电弧电流，在这种情况下，启辉器会连续地企图启动灯管，因此引起灯管的闪烁，若不及时更换新的荧光灯，这一过程会一直持续到启辉器损坏为止。

第四节　室内照明作用与艺术效果

一、室内照明的作用

当夜幕徐徐降临的时候，就是万家灯火的世界，也是多数人在白天繁忙工作之后希望得到休息娱乐以消除疲劳的时刻，无论何处都离不开人工照明，也都需要用人工照明的艺术魅力来充实和丰富生活的内容。无论是公共场所或是家庭，光的作用影响到每一个人，室内照明设计就是利用光的一切特性，去创造所需要的光的环境，通过照明充分发挥其艺术作用，并表现在以下四个方面：

(一) 创造气氛

光的亮度和色彩是决定气氛的主要因素。我们知道光的刺激能影响人的情绪，一般说来，亮的房间比暗的房间更为刺激，但是这种刺激必须和空间所应具有的气氛相适应。极度的光和噪声一样都是对环境的一种破坏。据有关调查资料表明，荧屏和歌舞厅中不断闪烁的光线可使人体内维生素 A 遭到破坏，导致视力下降。同时，这种射线还能杀伤白细胞，使人体免疫机能下降。适度的愉悦的光能激发和鼓舞人心，而柔弱的光令人轻松而心旷神怡。光的亮度也会对人心理产生影响，有人认为对于加强私密性的谈话区照明可以将亮度减少到功能强度的 1/5。光线弱的灯和位置布置得较低的灯，使周围造成较暗的阴影，顶棚显得较低，使房间似乎更亲切。

室内的气氛也会由于不同的光色而变化。许多餐厅、咖啡馆和娱乐场所，常常用加重暖色如粉红色、浅紫色，使整个空间具有温暖、欢乐、活跃的气氛，暖色光使人的皮肤、面容显得更健康、美丽动人。由于光色的加强，光的相对亮度相应减弱，使空间感觉亲切。家庭的卧室也常常因采用暖色光而显得更加温暖和睦。但是冷色光也有许多用处，特别在夏季，青、绿色的光就使人感觉凉爽。应根据不同气候、环境和建筑的性格要求来确定。强烈的多彩照明，如霓虹灯、各色聚光灯，可以把室内的气氛活跃生动起来，增加繁华热闹的节日气氛，现代家庭也常用一些红绿的装饰灯来点缀起居室、餐厅，以增加欢乐的气氛。不同色彩的透明或半透明材料，在增加室内光色上可以发挥很大的作用，在国外某些餐厅既无整体照明，也无桌上吊灯，只用柔弱的星星点点的烛光照明来渲染气氛。

由于色彩随着光源的变化而不同，许多色调在白天阳光照耀下，显得光彩夺目，但日暮以后，如果没有适当的照明，就可能变得暗淡无光。因此，德国巴斯鲁大学心理学教授马克思·露西雅谈到利用照明时说："与其利用色彩来创造气氛，不如利用不同程度的照明，效果会更理想。"

(二) 加强空间感和立体感

空间的不同效果，可以通过光的作用充分表现出来。实验证明，室内空间的开敞性与光的亮度成正比，亮的房间感觉要大一点，暗的房间感觉要小一点，充满房间的无形的漫射光，也使空间有无限的感觉，而直接光能加强物体的阴影，光影相对比，能加强空间的立体感。以点光源照亮粗糙墙面，使墙面质感更为加强，通过不同光的特性和室内亮度的不同分布，使室内空间显得比用单一性质的光更有生气。

可以利用光的作用，来加强希望注意的地方，如趣味中心，也可以用来削弱不希望被注意的次要地方，从而进一步使空间得到完善和净化。许多商店为了突出新产品，在那里用亮度较高的重点照明，而相应地削弱次要的部位，获得良好的照明艺术效果。照明也可以使空间变得实和虚，许多台阶照明及家具的底部照明，使物体和地面"脱离"，形成悬浮的效果，而使空间显得空透、轻盈。

二、室内照明的艺术效果

(一) 光影艺术与装饰照明

光和影本身就是一种特殊性质的艺术，当阳光透过树梢，地面洒下一片光斑，疏疏密密随风变幻，这种艺术魅力是难以用语言表达的。又如月光下的粉墙竹影和风雨中摇晃着的吊灯的影子，却又是一番滋味。自然界的光影由太阳月亮来安排，而室内的光影艺术就要靠设计师来创造。光的形式可以从尖利的小针点到漫无边际的无定形式，我们应该利用各种照明装置，在恰当的部位，以生动的光影效果来丰富室内的空间，既可以表现光为主，也可以表现影为主，也可以光影同时表现。某餐厅采用两种不同光色的直接、间接照明，造成特殊的光影效果，结合室内造型处理灯具装饰，使室内效果大为改观。常见在墙面上的扇贝形照明，也可算作光影艺术之一。此外还有许多实例造成不同的光带、光圈、光环、光池。光影艺术可以表现在顶棚、墙面、地面，如某会议室，采用与会议桌相对应的光环照明方式。也可以利用不同的虚实灯罩把光影洒到各处。光影的造型是千变万化的，主要的是在恰当的部位，采用恰当形式表达出恰当的主题思想，来丰富空间的内涵，获得美好的艺术效果。

装饰照明是以照明自身的光色造型作为观赏对象，通常利用点光源通过彩色玻璃射在墙上，产生各种色彩形状。用不同光色在墙上构成光怪陆离的抽象“光画”，是表示光艺术的又一新领域。

(二) 照明的布置艺术和灯具造型艺术

1. 照明布置艺术

光既可以是无形的，也可以是有形的，光源可隐藏，灯具却可暴露，有形、无形都是艺术。某餐厅把光源隐蔽在靠墙座位背后，并利用螺旋形灯饰，造成特殊的光影效果和气氛。如能把灯具设计与室内装修相结合，并作为入口大厅的入厅序曲，就能创造现代室内设计的新景观。

大范围的照明，如顶棚、支架照明，常常以其独特的组织形式来吸引观众，如某商场以连续的带形照明，使空间更显舒展。某酒吧利用环形玻璃晶体吊饰，其造型与家具布置相对应，并结合绿化，使空间富丽堂皇。某练习室照明、通风与屋面支架相结合，富有现代风格。采取“团体操”表演方式来布置灯具，是十分雄伟和惹人注意的。它的关键不在个别灯管、灯泡本身，而在于组织和布置。最简单的荧光灯管和白炽小灯泡，一经精心组织，就能显现出千军万马的气氛和壮丽的景色。顶棚是表现布置照明艺术的最重要场所，因为它无所遮挡，稍一抬头就历历在目。因此，室内照明的重点常常选择在顶棚上，它像一张白纸可以做出丰富多彩的艺术形式来，而且常常结合建筑式样，或结合柱子的部位来达到照明和建筑的统一和谐。将荧光灯管与廊柱造型相结合的显露布置，形成富有韵律的效果。常见的顶棚照明布置有成片式的、交错式的、井格式的、带状式的、放射式的、围绕中心的重点布置式的，等等。在形式上应注意它的图案、形状和比例，以及它的韵律效果。

2. 灯具造型艺术

灯具造型一般以小巧、精美、雅致为主要创作方向，因为它离人较近，常用于室内的立灯、台灯。某旅馆休息室利用台灯布置，形成视觉中心。灯具造型，一般可分为支架和灯罩两大部分进行统一设计。有些灯具设计重点放在支架上，也有些把重点放在灯罩上，不管哪种方式，整体造型必须协调统一。现代灯具都强调几何形体构成，在基本的球体、立方体、圆柱体、角锥体的基础上加以改造，演变成千姿百态的形式，同样运用对比、韵律等构图原则，达到新韵、独特的效果。但是在选用灯具的时候一定要和整个室内一致、统一，绝不能孤立地评定优劣。

由于灯具是一种可以经常更换的消耗品和装饰品，因此它的美学观近似日常用品和服饰，具有流行性和变换性。由于它的构成简单，显得更利于创新和突破，但是市面上现有类型不多，这就要求照明设计者每年做出新的产品，不断变化和更新，才能满足群众的要求，这也是小型灯具创作的基本规律。

不同类型的建筑，其室内照明也各异。某橱窗陈列照明设置细部，将整体照明的荧光灯与多种形式的白炽灯相结合，在第一排荧光灯后有 100 W/220 V 能变换色彩的反射罩、可调整的白炽灯（不同的色彩均可适用），靠街边最近处，有 150 W/220 V 碗状反射灯，部分为固定装置，部分是可调整的。

某美术馆，仔细布置的荧光灯和白炽灯，照亮了绘画和雕塑。通过打开 T 形吊杆顶棚的格子，可见到电路，可在需要的地方装置荧光灯和白炽灯。

某现代电影院内的装饰照明顶棚，整齐的石膏条纹图案布置在平的顶棚上，100 W 涂银的碗状反射灯，镶嵌在每块石膏板的中央，沿两侧墙有八组玻璃装饰灯。

某日用器皿商店，由于很好地考虑了使用直接照明，使公众的注意力集中在展品上。

第四章　室内色彩与材料质地设计

色彩和我们的生活最紧密相关，放眼望去，色彩充满着我们周围的环境。它对人的影响不仅反映在视觉方面，也反映在直接或间接对人的视觉、肌体、心理和行为产生重要的作用方面。对人们的生活而言，色彩在直接影响人的生活方面往往是一个长久性的概念。色彩的物理本质是波长不同的光。由于物体对色光具有吸收或反射的功能，世间万物才呈现出缤纷的色彩。对色彩的辨别是我们识别物体、认识世界的重要条件。

材料是构成设计本体不可或缺的实质，也是表现设计形式不可或缺的要件。从室内的角度来看，没有材料固然没有设计，错用或滥用材料亦将失去设计生命：很明显，任何材料都有特殊的潜能，但亦具有必然极限。如果能够正确地把握材料特性，就能创造出完美的室内机能与形式，否则，只是徒然浪费材料，污染环境，甚至造成工程事故，给人身和财产带来无法估量的损失。因此，学习和掌握使用材料具有十分重要的意义。因此，本章主要从室内色彩与材料质地设计两个方面进行分析和概述。

第一节　室内色彩构成的基本原理

人类在不断改造客观世界的进程中，对色彩进行科学的分析与研究，并将色彩之间的变化进行定性、定量的科学归纳与划分，科学地对色彩进行不断的重新认识，逐步发展、完善形成“色彩学”理论体系，从而为我们在色彩方面的设计打下理论基础。

一、色彩与空间环境

基本原色、间色、复色和补色、极色、金色、银色都是色彩构成的最基本要素，这些基本要素之间的不同组合和组织构成了丰富的色彩效果。同时，视觉对色彩有其特殊的反应，也即色彩的视觉效应。色彩还与材料有直接的关系，还具有地域和民族的特性。色彩的特性与空间的功能和要求构成了室内色彩设计的基本特性。

（一）基本色与空间环境

基本色有原色、间色、复色，它们是任何造型活动的基本因素，也是室内设计活动不可或缺的条件。

原色，因为不能用其他颜色来调配，是最基本的色彩。用原色设计的空间，光彩夺目；用称为第二次色的间色设计出来的环境，同样光彩夺目且相对有稳重的感觉；用两种间色相加而成的复色设计空间，稳重，容易感觉沉闷，也有它的特殊用途。

（二）补色与空间环境

补色是指按光谱排列的色轮上对应的两种颜色。补色在色彩设计中无疑是最有效的手段。

（三）极色、金色、银色与空间环境

极色是指在明度两极的黑色、白色两种颜色。金色和银色在中国传统色彩中用得最多，成为特殊的装饰审美色彩。由于极色、金色和银色容易与其他色彩调和，往往又把它们称为中性色。

黑色属于无彩系列，它明度最低，纯黑色易使人联想到黑夜，但是又有稳重感，在室内装饰设计中，大面积使用黑色容易给人一种“哀伤”的感觉。但它与高明度和高彩度颜色配合使用效果响亮。

白色又叫全光色，它明度最高，给人明亮、洁净的感觉，室内设计中在较暗的房间的墙面，多数使用白色，在众多高彩度的色彩中多数使用白色和黑色来调和，但大面积使用时会有贫乏和空虚的感觉，室内设计往往用家具设备、灯光等来形成对比。

金色为暖色，银色为冷色，它们具有一定的光泽。现代追求的新古典主义风格，经常使用金色、银色而达到华丽、金碧辉煌的效果。另外，它也是最适合与其他色调和的色彩，在高彩度对比太强烈时，使用金色、银色能起到和谐的作用。

灰色是无倾向性的，是处于黑白之间的中性色，灰色由于平和的特点，能与高彩度的色彩调和。

（四）色彩“三要素”与空间环境

在室内设计中，色彩的冷暖、明度与纯度都与创造室内的空间气氛有着密切关系，充分利用这些关系，把握其特征是设计手段之一。

1. 色相与空间环境

色相是色彩的相貌，色相的不同取决于光波的长短，通常以色环表示各色相之间的关系。红、橙、黄、绿、青、紫是六个主要色相，其中红、黄、青是最基本的色彩相貌。白色除外，任何其他色彩的相貌都可由它们之间的不同量相加而成。

正确地运用色相的变化可准确地设计出特定气氛的空间效果，还可弥补室内空间设计中朝向不佳的缺陷。在缺少阳光的地面或其他阴暗的房间里可以多采用暖色，以调节其气氛，增加亲切温暖的感觉。阳光充足的房间或炎热地区，则可多用冷色，给人以凉爽的感觉。

又如手术室的墙面上有供医生视觉休息的颜色，医生做手术时高度集中地注视手术部位的肌肉、血液，这些都是鲜红的颜色。当医生眼睛离开工作对象时，就会出现绿色的视觉残像，如果把墙面设计成淡绿色的话，医生高度兴奋的视神经就能够得以休息。

2. 纯度与空间环境

纯度是色彩色相的饱和度。纯度高低取决于光波所含单一波长色光的纯粹程度。单一波长色光的纯度越高，色彩越纯。在同一色相中彩度最高的色为该色的纯色。色相环中的标准色均用纯色表示，其纯度最高，色泽最鲜明。无彩色系由于没有色相，故彩度为零。

病房、办公室等室内空间使用纯度较低的各种灰色，可以获得一种安静、柔和、舒适的空间气氛。

在舞厅、卡拉 OK 厅、大型娱乐场所、儿童娱乐场所等使用纯度较高，较鲜艳的色彩则可营造欢快、活泼与愉快的空间气氛。

3. 明度与空间环境

明度是指色彩的明暗程度。明度高低主要取决于光波的波幅。波幅大，明度高；波幅小，明度低。不同明度的色彩在室内环境的应用中同样相当重要，我们往往利用色彩的明度来调节空间大小和高低以及轻重的感觉。

在一些逗留时间短暂的公共场所，使用高明度色彩使室内空间的气氛光彩夺目；在消闲娱乐等公共场所使用低明度的色彩配以较暗的灯光则给人一种隐私、静谧和温馨的感觉。

4. 色调与空间环境

色彩的总体倾向称为色调。色调的形成与色彩使用的面积有很大的关系。

基本色调有：

暖色调——以暖色为主配置的色调；

冷色调——以冷色为主配置的色调；

中性色调——以灰色调为主配置的色调；

强调——对比色配置的色调；

主调——较鲜明色彩配置的色调；

同调——相近色配置的色调。

二、色彩效应与室内设计

“色彩效应”是人对色彩的生理反应和心理反应。不同的色彩会给人带来不同的心理与生理反应。同时，每一个人有着不同的社会经历与文化背景，他们对色彩都有着自己的偏爱，在空间环境设计中，我们要根据环境的不同功能以及人们在环境中的心理要求，考虑环境色彩的配置。

(一)色适应与空间环境

“色适应”是指颜色刺激引起视网膜对对立色对的反应。如由于视觉的疲劳，当刺激停止时，该对立色对的另一种反应开始活跃，于是视觉中产生原色的补色，这是视觉色相适应的过程；而当人从明处走向暗处，或是从暗处走向明处，也都要有一个适应过程，这个过程叫明适应和暗适应。

“色适应”的原理经常被运用于室内设计，家具是暖颜色的，那么地毯最好是可以视觉补偿的对比色，即用冷颜色来调节人的视神经。

(二)色感应与空间环境

“色感应”是指人对色彩的生理效应，还表现在色彩对人肌体的影响，人对色彩有不同的心理联想，从而产生不同的感情。色感应包括色彩的物理效应和心理效应。正确地运用“色感应”的原理设计空间环境有助于健康。

1. 色彩的物理效应与空间环境

色彩引起人对物体形状、体积、温度、距离上的感觉变化。这种变化往往对室内设计效果有着决定性的影响。

(1) 色彩的温度感。太阳光照在身上很暖和，所以人们就感到凡是和阳光相近的色彩都给人以温暖感。当人看到冰雪、海水、月光等就有一种寒冷或凉爽的感觉，人们长期在自然环境中生活，对各种客观现象由感觉经验形成一种本能的热与冷的反应，这就是色彩的温度感。色彩的冷暖差别，主观感觉可差3℃ ~ 4℃。色彩的温度感与明度有关，明度越高越觉得凉爽，明度低则给人以温暖感；色彩的温度感与色彩的纯度也有关系，暖色的纯度越高越暖，冷色的纯度越高越凉爽；色彩的温度感还与物体表面的光滑程度有关，表面光洁度越高就越给人以凉爽感，而表面粗糙的物体则给人以温暖感。

(2) 色彩的体量感。色彩的体量感表现为膨胀感和收缩感，因此人们又把颜色分为膨胀色和收缩色。

色彩的膨胀与收缩也与色彩的明度有关。明度高的膨胀感强，明度低的收缩感强。色彩的膨胀与色温也有关系，一般来说，暖色有膨胀感，冷色则有收缩感。色彩的膨胀或收缩的范围约是实际面积的4%。

重色能给人以稳重感，室内空间的六个面中，一般从上到下的色序是按由浅到深的顺序设计的，这样就能给人以稳定感。

室内设计中，经常利用重量感调节空间的体量关系。小的空间用膨胀色在视觉上增加空间的宽阔感，大的空间用收缩色减少空旷感，体量过大或过重的实体可用明度低的色和冷色减少它的体感或量感；采用深色地面及深色书架做背景，加强了空间的内聚作用，空间不觉空旷，视觉相对集中。

(3) 色彩的空间感。色彩的空间感首先是色彩远近感。根据人们对色彩距离的感受，把色彩分为前进色和后退色。前进色是人们感觉距离缩短的颜色，反之则是距离增加的后退色。暖色基本上可称为前进色，冷色基本上可称为后退色。色彩的距离感还与明度有关。一般来说，明度高的色彩具有前进感，反之则有后退感。

2. 色彩的心理效应与室内设计

色彩的心理效应是人对色彩所产生的感情变化，是思维联想的结果。色彩的心理效应不是绝对的，不同的人对色彩有不同的联想，从而产生不同的感情。也就是说，不同性别、年龄、职业的人，色彩的心理效应不同；不同的时期、不同的地理位置以及不同的民族、不同的宗教和风俗习惯对色彩的爱好也有差异。

（1）色彩的表情特征。如红色最易使人注意、兴奋、激动和紧张，橙色很容易使人感到明朗、成熟、甜美，黄色给人以光明、丰收和喜悦的感觉，绿色使人联想到新生、健康、永恒、和平、安宁，蓝色很容易使人联想到广大、深沉、悠久、纯洁、冷静和理智。

（2）色彩个性与空间环境。色彩个性表现为不同的人对色彩的爱好不同。不同年龄层次、不同职业和不同生活背景有不同的色彩心理特征。例如，成年男子多喜爱青色系列，成年女子则喜爱红色系列，青年人多喜爱青色、绿色，而对黄色则不太喜爱，他们喜爱高明度、高纯度的明亮、鲜艳的颜色。低年龄层的人喜欢纯色，厌恶灰色；高年龄层的人喜欢灰色，厌恶纯色。

同时，设计是建立在为人所用的基础之上，设计师应努力排除对色彩的自我嗜好与偏爱。

（3）色彩的地域性与空间环境。色彩的地域性是指气候条件对室内色彩的影响。例如，寒冷地区房间的颜色应偏暖些，而炎热地区房间的颜色应偏冷些；潮湿阴雨地区的室内色彩明度应高一些，日照充足而干燥的地区室内色彩的明度可低一些；朝向好的房间室内色彩可偏冷些，朝向差的房间室内色彩可偏暖些。

3. 色彩的民族性

色彩的民族性是指各民族对颜色的感情和爱好有明显的差异。例如，故宫金黄色的琉璃瓦与朱红色的高墙保留着皇族的遗风，也成为民族的象征色。

三、色彩与室外环境

室内与室外环境的空间是一个整体，室外色彩与室内色彩并非各自孤立地存在，而是有着密切的关系，把自然色彩引进室内，在室内创造自然色彩的气氛，是现代室内设计流行的主题。

自然界的花草树木、水池石头等是室内色彩的一个重要内容，这些自然物的色彩极为丰富，它们可给人一种轻松愉快的联想，并将人带入一种轻松自然的空间之中，同时，将自然的色彩融入室内，也可使内外空间相融，达到扩展空间的目的。

第二节　色彩的物理、生理与心理效应

一、色彩的物理效应

色彩对人引起的视觉效果还反映在物理性质方面，如冷暖、远近、轻重、大小等，这不但是由于物体本身对光的吸收和反射不同的结果，而且还存在着物体间的相互作用的关系所形成的错觉，色彩的物理作用在室内设计中可以大显身手。

(一) 温度感

在色彩学中，把不同色相的色彩分为热色、冷色和温色，从红紫、红、橙、黄到黄绿色称为热色，以橙色最热。从青紫、青至青绿色称冷色，以青色为最冷。紫色是红 (热色) 与青色 (冷色) 混合而成，绿色是黄 (热色) 与青 (冷色) 混合而成，因此是温色。色彩有暖色调和冷色调。这和人类长期的感觉经验是一致的，如红色、黄色，让人似看到太阳、火、炼钢炉等，感觉热；而青色、绿色，让人似看到江河湖海、绿色的田野、森林，感觉凉爽。但是色彩的冷暖既有绝对性，也有相对性，愈靠近橙色，色感愈热，愈靠近青色，色感愈冷。如红比红橙较冷，红比紫较热，但不能说红是冷色。此外，还是补色的影响，如小块白色与大面积红色对比下，白色明显地带绿色，即红色的补色（绿）的影响加到白色中。

（二）距离感

色彩可以使人感觉进退、凹凸、远近的不同，一般暖色系和明度高的色彩具有前进、凸出、接近的效果，而冷色系和明度较低的色彩则具有后退、凹进、远离的效果。室内设计中常利用色彩的这些特点去改变空间的大小和高低，如起居室中以白色为背景，陈设色彩鲜明，显得近；餐室为冷色调，显得远。

（三）重量感

色彩的重量感主要取决于明度和纯度，明度和纯度高的显得轻，如桃红、浅黄色。在室内设计的构图中常以此达到平衡和稳定的需要，以及表现性格的需要如轻飘、庄重等。

（四）尺度感

色彩对物体大小的作用，包括色相和明度两个因素。暖色和明度高的色彩具有扩散作用，因此物体显得大。而冷色和暗色则具有内聚作用，因此物体显得小。不同的明度和冷暖有时也通过对比作用显示出来，室内不同家具、物体的大小和整个室内空间的色彩处理有密切的关系，可以利用色彩来改变物体的尺度、体积和空间感，使室内各部分之间关系更为协调。

二、人对色彩的生理和心理反应

生理心理学表明，感受器官能把物理刺激能量，如压力、光、声和化学物质，转化为神经冲动，神经冲动传达到脑而产生感觉和知觉，而人的心理过程，如对先前经验的记忆、思想、情绪和注意集中等，都是脑较高级部位所具有的机能，它们表现了神经冲动的实际活动。费厄发现，肌肉的机能和血液循环在不同色光的照射下发生变化，蓝光最弱，随着色光变为绿、黄、橙、红而依次增强。库尔特·戈尔茨坦对有严重平衡缺陷的患者进行了实验，当给她穿上绿色衣服时，她走路显得十分正常，而当穿上红色衣服时，她几乎不能走路，并经常处于摔倒的危险之中。

也有人认为色彩在治疗疾病方面有如下对应关系：

紫色——神经错乱；靛青——视力混乱；蓝——甲状腺和喉部疾病；绿——心脏病和高血压；黄——胃、胰腺和肝脏病；橙——肺、肾病；红——血脉失调和贫血。

不同的实践者，利用色彩治病有复杂的系统和处理方法，选择使用色彩的刺激去治疗人类的疾病，是一种综合艺术。

有人举例说，伦敦附近泰晤士河上的黑桥，跳水自杀者比其他桥多，改为绿色后自杀者就少了。这些观察和实验虽然还不能充分说明不同色彩对人产生的各种各样的作用，但至少已能充分证明色彩刺激对人的身心所起的重要影响。相当于长波的颜色引起扩展的反应，而短波的颜色引起收缩的反应，整个机体由于不同的颜色，或者向外胀，或者向内收，并向机体中心集结。此外，人的眼睛会很快地在他所注视的任何色彩上产生疲劳，而疲劳的程度与色彩的彩度成正比，当疲劳产生之后眼睛有暂时记录它的补色的趋势。如当眼睛注视红色后，产生疲劳时，再转向白墙上，则墙上能看到红色的补色绿色。因此，赫林认为眼睛和大脑需要中间灰色，缺少了它，就会变得不安稳。由此可见，在使用刺激色和高彩度的颜色时要十分慎重，并要注意到在色彩组合时应考虑到视觉残象对物体颜色产生的错觉，以及能够使眼睛得到休息和平衡的机会。

三、色彩的含义和象征性

人们对不同的色彩表现出不同的好恶，这种心理反应，常常是因人们生活经验、利害关系以及由色彩引起的联想造成的，此外也和人的年龄、性格、素养、习惯、不同民族和地域文化分不开。例如看到红色，联想到太阳，万物生命之源，从而感到崇敬、伟大，也可以联想到血，感到不安、野蛮，等等。看到黄绿色，联想到植物发芽生长，感觉到春天的来临，于是认为它代表青春、活力、希望、发展、和平等等。看到黑色，联想到黑夜，丧事中的黑纱，从而感到神秘、悲哀、不祥、绝望，等等。看到黄色、似阳光普照大地，感到明朗、活跃、兴奋。人们对色彩的这种由经验感觉到主观联想，再上升到理智的判断，既有普遍性，也有特殊性；既有共性，也有个性；既有必然性，也有偶然性，虽有正确的一面，但并未被科学所证实。又如不同的民族地区，人们对色彩的喜爱和厌恶也不相同，如非洲不少民族较为喜爱彩度高和强烈的色彩，而不少西欧人视红色为凶恶和不祥。因此，我们在进行选择色彩作为某种象征和含义时，应该根据具体情况具体分析，决不能随心所欲，但也不妨碍对不同色彩作一般的概括。

色相的一般特性为：

（1）红色。红色是所有色彩中对视觉感觉最强烈和最有生气的色彩，它有强烈地促使人们注意和似乎凌驾于一切色彩之上的力量。它炽烈似火，壮丽似日，热情奔放如血，是生命崇高的象征。人眼晶体（Crystalline Lens）要对红色波长调整焦距，它的自然焦点在视网膜之后，因此产生了红色目的物较前进、靠近的视错觉。

红色的这些特点主要表现在高纯度时的效果，当其明度增大转为粉红色时，就戏剧性地变成温柔、顺从和女性的性质。

（2）橙色。橙色比原色红要柔和，但亮橙色（Bright Orange）和橙仍然富有刺激和兴奋性，浅橙色（Light Orange）使人愉悦。橙色常象征活力、精神饱满和交谊性，它实际上没有消极的文化或感情上的联想。

（3）黄色。黄色在色相环上是明度级最高的色彩，它光芒四射，轻盈明快，生机勃勃，具有温暖、愉悦、提神的效果，常为积极向上、进步、文明、光明的象征，但当它浑浊时（如渗入少量蓝、绿色），就会显出病态和令人作呕。

（4）绿色。绿色是大自然中植物生长、生机盎然、清新宁静的生命力量和自然力量的象征。从心理上，绿色令人平静、松弛而得到休息。人眼晶体把绿色波长恰好集中在视网膜上，因此它是最能使眼睛休息的色彩。

（5）蓝色。蓝色从各个方面都是红色的对立面，在外貌上蓝色是透明的和潮湿的，红色是不透明的和干燥的；从心理上蓝色是冷的、安静的，红色是暖的、兴奋的；在性格上，红色是粗犷的，蓝色是清高的；对人机体作用，蓝色减低血压，红色增高血压，蓝色象征安静、清新、舒适和沉思。

（6）紫色。紫色是红青色的混合，是一种冷红色和沉着的红色，它精致而富丽，高贵而迷人。偏红的紫色，华贵艳丽；偏蓝的紫色，沉着高雅，常象征尊严、孤傲或悲哀。紫罗兰色是紫色的较浅的阴面色，是一种纯光谱色相，紫色是混合色，两者在色相上有很大的不同。

色彩在心理上的物理效应，如冷热、远近、轻重、大小等；感情刺激，如兴奋、消沉、开朗、抑郁、动乱、镇静等；象征意象，如庄严、轻快、刚、柔、富丽、简朴等，被人们像魔法一样地用来创造心理空间，表现内心情绪，反映思想感情。任何色相、色彩性质常有两面性或多义性，我们要善于利用它积极的一面。

其中色彩在感情和理智上的反应，不可能完全取得一致的意见。根据画家的经验，一般采用暖色相和明色调占优势的画面，容易造成欢快的气氛，而用冷色相和暗色调占优势的画面，容易造成悲伤的气氛。这对室内色彩的选择也有一定的参考价值。

第三节　室内色彩设计的要求与原则

一、室内色彩设计应注意的问题

在进行室内色彩设计时，应首先了解和色彩有密切联系的以下问题：

(1) 室内空间的使用目的。不同的使用目的，如会议室、病房、起居室，显然在考虑色彩的要求、性格的体现、气氛的形成各不相同，甚至是截然不同的。

(2) 室内空间的大小、设计形式色彩。可以按不同空间大小、形式和不同的配色方案来进一步强调或削弱色彩的对比，调整整个空间的色彩感觉。

(3) 室内空间的方位。不同方位在自然光线作用下的色彩是不同的，冷暖感也有差别，因此，可利用色彩来调整。

(4) 使用空间的人的类别。老人、小孩、男、女，对色彩的要求有很大的区别；不同的民族、文化层次、职业对色彩的要求也有很大区别。色彩设计应适合居住者的爱好，进行颜色的设定。

(5) 使用者在空间内的活动时间的长短。学习的教室，工业生产车间，不同的活动与工作内容，要求不同的视线条件，才能提高效率、安全和达到舒适的目的。长时间使用的房间的色彩应比短时间使用的房间强得多。此时，色彩的色相、彩度对比等，考虑也存在着差别，对长时间活动的空间，主要考虑的是人们在里面工作时间久了不容易产生视觉疲劳。

(6) 该空间所处的周围情况。色彩和环境有密切联系，尤其在室内，色彩的反射可以影响其他颜色。同时，不同的环境，通过室外的自然景物也能反射到室内来，色彩还应与周围环境达到协调。

(7) 使用者对于色彩的偏爱。一般说来，在符合原则的前提下，应该合理地满足不同使用者的爱好和个性，才能符合使用者的心理要求。

在符合色彩的功能要求原则下，可以充分发挥色彩在构图中的作用。室内色彩的基本要求，实际上就是按照不同的对象有针对性地进行色彩配置。

二、室内色彩设计的原则

(一) 室内色彩的调和与对比

1. 色彩调和

色彩协调有色相协调、彩度协调、明度协调和综合协调，等等。

单一的一种颜色由其本身的深浅变化而求得协调效果，这种协调的室内色彩朴素淡雅。

同类色的色相较接近，所以很容易使室内气氛取得统一、庄重和高雅的效果，多用于平和安静的卧房、起居室，近似的色彩之间含有相同的色素而容易取得调和。

2. 色彩对比

色彩对比有色相对比、彩度对比、明度对比和综合对比。

色彩对比强烈，在视觉上有跳跃感，在室内设计中有很强的表现力，在渲染烘托气氛时常用这种处理手法。

对比色之间具有排斥性，运用过多会使室内产生令人难以忍受的结果。因此处理对比色时应注意面积的使用，要有大小、主次之分。

(二) 室内色彩的主次和虚实

同形状一样，色彩也有主次之分。主次关系明确，给人视觉和心理秩序以美感，反之则混乱和令人厌恶。

主次又往往同虚实联系在一起。虚实也是对比关系的一种，色彩虚实体现在加强或削弱某一部分的色彩，而使整体色彩视觉效果更强烈。

(三) 室内色彩的变化和统一

变化是一切造型艺术的规律，也同样适应于室内色彩设计。色彩的变化指色彩应用不可能是单一的，而必然具有多种色彩的选择和使用；色彩的统一是指色彩应用不能是无序的，统一就是和谐。在色彩的变化和统一这个过程中，必须把握它们质和量的关系。

(四) 室内色彩的节奏与韵律

室内色彩的节奏与韵律，是指色彩的基本特性在空间环境形态创造方面的作用。如一个大空间的一面墙上有很多连续的大玻璃窗，那么我们可以用窗帘的色彩和墙面的色彩形成一个有节奏感的连续整体。

第四节　室内装饰材料的性质与分类

一、室内装饰材料的性质

装饰材料在使用过程中会受到各种因素的作用，如地面装饰材料会受到外力的摩擦作用；外墙装饰材料要经受日晒、风吹雨淋，等等。因而，装饰材料不仅要具备相应的装饰效果，而且要有抵抗这些不利因素破坏的能力，装饰材料的这种抵抗能力与自身的物理、化学等方面的性质是紧密联系的。材料主要有以下几种基本性质：

(一) 材料的装饰性

材料的装饰性是材料的外观特性给人以特殊的心理感觉。影响材料装饰性的因素较多，既与材料自身外观特色有关，又与每个人的感受程度等因素有关。材料的外观特性包括材料的颜色、光泽、透明性、表面组织、形状和尺寸等。

1. 颜色

材料的颜色反映了材料的色彩特征。材料表面的颜色与材料的光谱、人眼观察材料时反射在材料上的光线的光谱组成以及观察者对光谱的敏感性等因素有关。

材料的颜色给人的心理作用是不同的，如红色能使人兴奋，绿色能使人消除疲劳感。因此，设计师在装饰设计时应充分考虑材料色彩给人的心理作用，创造出符合实际要求的空间环境。

2. 光泽

当光线射到物体表面时，一部分光线被物体吸收，另一部分被反射，透明的物体则还有部分光线透射过物体。若反射的光线是集中的，称为镜面反射；分散的称为漫反射。材料光泽等与材料表面的平整度、材质、光线投射及反射等因素有关。釉面砖、磨光石材、镜面、不锈钢等材料具有较高的光泽度，而毛面石材、无釉陶器等材料光泽度则较低。

3. 透明性

材料的透明性是指光线透过物体时所表现的光学特征。能透光的是透明体，如普通平板玻璃；能透光但不透视的为半透明体，如磨砂玻璃；不能透光透视的为不透明体，如混凝土。装饰工程中应根据具体要求选好材料的透明性。发光天棚的罩面材料一般用半透明体，这样既能遮住灯具又能透过光线，既美观又符合室内照明需要；商业橱窗就需要透明性非常高的浮法玻璃，使顾客能看清所陈列的商品。

4. 表面组织

材料的表面组织是材料表面呈现的质感，它与材料的原料组成、生产工艺及加工方法等有关。材料的表面组织常呈现细致或粗糙、平整或凹凸、密实或疏松等质感效果，它与色彩相似，也能给人不同的心理感受，如粗糙不平的表面组织能给人以粗犷豪放的感觉，而光滑细致的平面则带来细腻精美的装饰效果。

5. 形状和尺寸

材料的形状和尺寸能给人带来空间尺寸的大小和使用上是否舒适的感觉。设计人员在进行装饰设计时，一般要考虑到人身尺寸的需要，对装饰的形状和尺寸做出合理的规定。同时，有些表面具有一定色彩或花纹图案的材料在进行拼花时，也需考虑其形状和尺寸，如拼花大理石和花岗岩地面等。在装饰设计和施工时，只有精心考虑材料的形状和尺寸，才能取得较好的装饰效果。

（二）材料的物理性质

1. 密度、表现密度

密度是指材料在绝对密实的状况下的单位体积的质量。表现密度是材料在自然状况下的单位体积质量。其不同在于，密度中的体积不包括材料的孔隙体积，而表现密度中的体积则包括了材料内部的孔隙体积。

2. 材料的孔隙率

孔隙率是指材料中的孔隙体积与其总体体积的比例，材料的孔隙率能够反映材料的致密程度。孔隙率越小，则材料越致密，反之，则材料越疏松，如金属材料的孔隙率极低，而矿棉等材料孔隙率较高。

3.材料的吸声性能

材料的吸声性能是指材料吸收由空气传递的声波能量的程度。吸声性能可用吸声系数表示，吸声系数越高，则表明其吸声效果越好。

（三）材料的力学性质

1. 材料的强度

材料承受外荷载作用时，其内部会产生应力。随着外荷载增加，内部的应力也增大，当应力增大到某一数值时，材料会发生破坏而不能承受外荷力，此时的应力值即为材料的强度。材料的强度与材料的成分、结构及构造等有关。构造紧密、孔隙率较小的材料强度较高，反之，强度则较低，硬质木材的强度就高于软质木材的强度。

2. 材料的弹性和塑性

材料在外力作用时产生变形，外力撤除后恢复原来形状的性质称为弹性；外力消除时，材料保持变形后形状尺寸又不产生裂缝的变形称为塑性变形。

3. 材料的脆性和韧性

材料在受外力作用时，无明显的塑性变形即被破坏，这种性质称为脆性。石材、陶瓷和玻璃等都属脆性材料。材料在外力作用下产生较大变形而不至于破坏的性质称为韧性，韧性是强度和硬度的综合表现。钢材、铝材和木材等属韧性较好的结构材料。

4. 材料的硬度和耐磨性

材料的硬度是指材料表面抵抗其他较硬物体压入或刻画的能力。耐磨性是指材料表面抵抗磨损的能力。

(四) 材料与水有关的性质

1. 材料的亲水性和憎水性

在湿度较大或对材料有防水要求的场所应考虑使用憎水材料。在装饰材料中，木材、织物类裱糊材料和粗陶制品等均属亲水材料，而釉、玻璃和油漆等为憎水材料。

2. 材料的吸水性与吸湿性

材料浸入水中后吸收水分的性质称为吸水性，随着材料的吸水性增大，材料的容量和导热性增大，强度降低，体积膨胀、材料吸收空气中水分的性质称为吸湿性，纤维板、石膏板等多孔材料一般具有较强的吸湿性。材料在吸湿性增大时，不仅会造成材料制品的变形，而且其他绝热性能也会降低。因此，保温隔热材料在正常使用时应使其处于干燥状态，防止受潮。

3. 材料的抗渗性和抗冻性

材料抵抗压力水渗透的性质称为抗渗性，具有防水功能的场所（如屋面）对材料的抗渗性要求较高。材料在吸水饱和状态下，经过多次冻融循环而不破坏，材料硬度无显著降低的性质称为抗冻性。金属、陶瓷、石材、玻璃等材料的抗冻性较优，而石膏、黏土砖等孔隙率较大，结构疏松，材料的抗冻性较差。若材料需长期浸泡于水中，则还应符合耐水性规定。

(五) 材料的其他性质

1. 材料的耐久性

材料的耐久性是一项综合指标，是指在正常使用的条件下，在外界各种不利因素的作用下，在规定的使用期内不破坏，也不失去原有性能的性质。耐久性的不利因素包括物理作用、化学作用、机械作用和生物作用等。例如，温度干湿变化、侵蚀污染、反复荷载、蛀蚀腐蚀等。因此，在实际工程中，要根据材料的特点，使用场所的具体情况，以及材料性质所受的具体作用，采用其他材料覆盖在主体材料表面等方法来提高材料的耐久性。

2. 材料的热功性能

（1）导热性。材料的导热性是指材料传递热量的性质。导热系数越小，热功性能越好。干燥的松木、泡沫塑料及玻璃棉等都属绝热材料，而金属材料、部分石材等属非绝热材料。

（2）热容量。材料受热时吸收热量，冷却时放出热量的性质称为热容量。热容量值高的材料能有效地保持室内温度的稳定。

（3）材料的组成、结构和构造。材料的组成、结构和构造是决定材料自身特性的主要因素。组成是指材料的化学成分和矿物质组成。结构是指材料的质子（离子、分子和原子等）所处的状态特征。构造则是指材料的孔隙、岩石层理、木材纹理等外观特征。这些因素决定着材料的力学性质、强度、抗渗性、抗冻性、外观效果等。

（4）材料的防火性。材料的防火性是材料抵抗高温或火的作用时，能在规定的时间内保持其原有性质的能力。装饰材料必须具备良好的防火性，按防火规范可分为：不燃材料（A 级）、难燃材料（B 级）、可燃材料（B2 级）和易燃材料（B3 级）。装饰场所使用的装饰材料应符合有关规范的规定。

二、室内装饰材料的分类

室内设计材料的种类繁多，且分类方法各不相同，有的从材料的状态、结构特征、化学成分、物理性能进行分类，也有的从材料的发展历史和用途进行分类，或从材料的肌理、质感、色彩和形状等触觉或视觉效果进行分类。尽管材料有不同的分类方法，然而材料在实际的表现中始终体现出使用价值和审美功能，将技术与艺术融合。

（一）按材料的发展历史分类

（1）原始的天然石材、木材、竹材、秸秆和粗陶。

（2）通过冶炼、焙烧加工而成的金属和陶瓷材料。

（3）以化学合成的方法制成的高分子合成材料，又称聚合物或高聚物，如聚乙烯、聚氯乙烯、涤纶、丁腈橡胶等。

(4) 用有机、无机非金属乃至金属等各种原材料复合而成的复合材料，如塑铝板，有、无机复合涂料等。

(5) 加入纳米微粒（晶粒尺寸为纳米级的超细材料）且性能独特的纳米材料，如纳米金属、纳米塑料、纳米陶瓷和纳米玻璃等。

(二) 按材料的化学成分分类

(1) 有机材料：木材、竹材、橡胶等。

(2) 无机材料：金属材料与非金属材料两种。

金属材料。黑色金属材料（铁及铁为基体的合金：纯铁、碳钢、合金钢、铸铁等）和有色金属材料（除铁以外的金属及其合金：铝与铝合金、镁及镁合金、钛及钛合金、铜与铜合金）。

非金属材料。天然石材：大理石、花岗石、鹅卵石、黏土等。陶瓷制品：氧化物陶瓷、碳化物陶瓷、氮化物陶瓷、金属陶瓷、复合陶瓷等。胶凝材料：水泥、石灰、石膏等。

(3) 高分子材料：塑料，如聚乙烯、聚氯乙烯、聚苯乙烯、ABS 塑料、聚碳酸酯塑料、环氧塑料、有机玻璃、尼龙等。

(4) 复合材料：塑铝板、玻璃钢、人造胶合板、三聚氢氨贴面板（防火板）、强化木质复合地板、氟碳涂层金属板、织物状复合地毯和墙纸、热反射玻璃等。

(5) 纳米材料：纳米金属、纳米陶瓷、纳米玻璃、纳米高分子和纳米复合材料等。

(三) 按材料的状态分类

(1) 固体：钢、铁、铝、大理石、陶瓷、玻璃、塑料、橡胶、纤维、粉末涂料等。

(2) 液体：涂料（水性涂料、油性涂料）、黏结剂（黏结涂料），以及各种有机溶剂（稀释剂、固化剂、干燥剂等）。

(四) 按材料的主要用途分类

(1) 用于结构或龙骨的材料：钢、铁、铝合金、混凝土等。

(2) 用于墙面的材料：天然石材（大理石、花岗石）、木材及其加工产品、陶瓷面砖、玻璃、纺织纤维面料、地毯、墙纸、涂料、石膏板、塑料扣板、金属扣板等。

（3）用于顶面的材料：石膏板、矿棉板、胶合板、塑料扣板、金属扣板、壁纸（布）、涂料等。

（4）用于地面的材料：实木地板、强化木质复合地板、塑料地板、陶瓷地面砖、防静电地板、大理石、花岗石、地毯等。

（5）用于家具的材料：人造板（胶合板、纤维板、中密度板、大芯板等）、木方块材、金属骨架等基材和各树种刨切薄木贴面板、防火板 + 塑料贴面板、石材（大理石、花岗石）饰面板、金属板等。

（6）五金配件。

（五）按材料的色彩、肌理和心理感受分类

（1）色彩的明暗程度：色彩明度高的亮材和色彩明度低的暗材。

（2）视觉、触觉肌理和心理感觉：粗糙与细腻、硬与软、刚与柔、冷与暖、干与湿、轻与重、条纹状与颗粒状和网状等。

（3）光亮度：亮光、半亚光和全亚光材料。

（4）材料的透明度：透明材料、半透明材料和不透明材料。

（六）材料的其他分类方式

（1）按材料的加工方式分为：天然材料和人工加工材料。

（2）按材料的外部形状分为：规则的立体型材、平面型材和不规则的异型材。

（3）按材料的环保要求分为：有毒材料与无毒材料、有刺激味材料和无刺激味材料、有放射性材料和无放射性材料等。

（4）按主要功能作用分为：吸音材料、保温隔热材料、防水材料、防腐防蛀材料、防火材料、防静电材料、防滑材料、防锈材料，以及性能特异的纳米材料。

第五节　室内装饰材料的应用原则与发展

一、室内装饰材料的选用原则

室内装饰的根本目的是在原有建筑物空间内再造一个新环境。这个新环境最终要用各种材料来实现。由于室内装饰材料种类繁多，室内设计师可以在较宽的范围内选择。在选择材料时主要应考虑以下方面：

（一）材料的适用性

1. 材料的标准及标准化

标准是国家各级技术监督部门和行业管理部门颁发，在一定范围内要求共同遵守的法规性准则和依据。它包括基础标准、产品标准、方法标准、组织管理标准和安全、卫生及环境保护标准五大类。

在选择室内装饰材料时，首先应考虑本行业通用的方法、规程及安全、卫生和环保标准中对材料提出的要求。特别是后一类标准大多数为强制性执行，在选用材料方面有否定作用。在室内装饰行业中，这些标准有轻工部颁发的《室内装饰工程质量规范》，国家技术监督局发布的《建筑内部装修设计防火规范》和国家公安部发布的《公共娱乐场所消防安全管理规定》等。在进行专用建筑物内部装饰工程设计时，还应注意遵守它们提出的一些专用标准，如食品卫生标准，卫生标准、噪声标准及“三废”控制标准等。

其次要注意选择使用符合产品标准的材料。大多数常用装饰材料都已有国家及行业标准，这些标准对材料的产品质量和规格做出了统一规定，是衡量产品质量的依据。在设计时，选用符合产品标准的材料是实行标准化的重要工作，它可以有效控制产品质量波动范围，保证使用效果。大多数产品标准中都规定了产品的标注方法，在制图时采用标准化标注材料种类和等级，可以简化图面保证材料等级。

在进行材料预算时，还应使用国家正式发布的有关预算交款中有关材料的部分内容，保证在装饰上预测、决算时，材料报价部分不出现问题。

在执行材料标准和进行标准化工作时，还应注意标准的有效性。近年来我国标准变动较频繁，要认真选择新标准和明确标准的有效范围，合理使用标准。

材料选择标准化的另一个含义是贯彻材料标准及等级统一的原则。材料选择的等级要与建筑物等级统一。除用户特殊要求外，应遵循、高档建筑选用高档材料，普通建筑选用普通材料的原则。同一装饰工程选用材料等级应基本一致，尽量避免高、低档材料混用。

2. 材料的功能

在室内装饰工程中，材料必须满足环境的使用要求。在选择结构材料时要确保它的力学性能，包括材料的强度和刚度。要保证整个设计结构稳定，不破坏或产生影响使用的变形。特别要注意大部分合成材料（如塑料）都有随着时间变化，使强度和刚度明显降低的趋势。往选择表面装饰材料时要考虑材料的硬度和耐磨性。例如，大型公用工程的地面材料要考虑耐磨和防滑等。

室内装饰工程的最终目标是为人们创造理想舒适的生活空间，根据人对环境的物理学感知，应从以下几方面考虑材料的功能要求。

调节室内的温度、湿度和气流速度等。为了保持最适室温不受外界环境的影响，墙面、地板、门窗等材料应具有隔热性和适当的热容量。对于采用空调系统、热带地区和寒冷地区的室内装饰工程，还应该尽量选用合适的保温隔热材料，以达到保持室温、节能降耗的目的。湿度是室内环境中对人体健康影响较大的因素，室内保持适当的湿度是必要的。选用木材等具有吸湿性——放湿性的材料可以在一定程度上自动调节室内湿度平衡。

声学性能的选择。公共演艺场所要求材料有良好的隔声性与吸声性，一般从墙面和顶棚材料两方面考虑。地面铺设木质地板和地毯也可以有效降低室内噪声。

考虑材料的触觉特性，即在室内与人体直接接触的材料感觉的冷暖，软硬和粗细等。卧具、家具、地板、厨房用具等，必须选择具有适当触觉特性的材料制造。

装饰材料的视觉特性是影响材料装饰性能和使用功能的重要生物学特性。根据材料在光源作用下产生透射、反射、吸收、漫射、折射等作用，可以把材料分为透明、半透明（透光不透明）、单向透明、不透明、镜面反射几大类。高分子透明材料除具有透明性外，还具有导热性差、质轻、耐冲击、易成型等特点，在室内装饰中使用越来越广泛。在透明隔断、门窗、橱窗、货柜、灯箱广告等制作中，除考虑材料的透明性外，还要考虑材料的其他光学性能。视觉特性的另一个重要参数是材料的颜色。色彩调节是材料选择的一个重要方面。

(二) 材料的装饰性

1. 符合室内设计意图

室内装饰有一个总的环境设计意图，它体现了设计师对设计工作的理解和基本构想，材料的选择必须与实现这一构想相一致。室内装饰形成了各种流派和风格。在这些流派和风格种，也存在着与材料选用的联系，如自然风格的室内设计崇尚自然，竹、术、藤、石等材料的运用十分普遍，在其中引入现代材料就必须慎重考虑，而现代主义室内设计追求简洁实用的装饰风格，大量金属材料、抛光石材、玻璃等得到广泛使用，值得强调的是，从符合设计意图方面考虑，所有的材料没有档次高低之分。在大型商场中，高档牛仔屋内以带皮桦木栏杆和公牛头骨为主的设计就说明了这一点。

2. 符合审美原则

室内设计虽然是设计师对再造环境总体理解的体现，但这一再造环境毕竟是给别人使用的。在材料选择上除了体现设计师的意图外，还应该考虑大多数使用者的感觉，必须符合一般的审美原则。要重视材料的光泽、质感、触觉等因素，考虑室内环境中各部分材料装饰效果的统一。

(三) 材料的易施工性

1. 现场施工条件

室内设计工程是在建筑物的内部空间施工，其运输、动力、空间、供水、供气等均与工厂有较大差别。也不可能将许多大型专用设备安装到工地使用。在选用材料时，必须考虑现场施工条件的限制，尽量选用加工方便、安装快捷的材料和制成品。

2. 施工期和劳动强度

室内设计工程是在建筑工程主体完成后的工作，用户一般都提出紧迫的时间要求。为保证工程进度应尽量选用各种制成品和在工厂内将原材料提前制成部件，然后到现场组装。

选择材料的另一个考虑因素是工人的劳动强度。施工现场条件较差，工期又紧，应尽量选用降低工人劳动强度的材料。例如，选择各种小型手持工具，采用机械或半机械操作的工艺方法；射钉、抽芯铆钉、墙板自攻螺钉等新型紧固材料等。

（四）材料的经济性

1. 直接成本

在考虑工程总造价的时候，首先要考虑材料的直接成本。它包括材料的购进价、运费、利用率、损耗等因素。在考虑材料直接成本时易忽视以下问题：一是材料的销售计量单位与使用单位的不同。材料销售经常是以重量来计算的，而使用时却是以体积或面积计算。不同容重的材料，不同的价格计算会引起对直接成本判断的失误。二是材料利用率的问题。以家具为例：一般的木材多为定长供应，人造板幅面以 1220 × 2440 和 915 × 1830 为主，考虑到截头和裁边损失，较长的木材和较大幅面的人造板的原料不一定直接成本就低。

2. 综合成本

除原材料直接成本外，材料的选择还与施工成本和寿命成本有关。虽然选用了价廉材料，但有可能加大了运输、仓储、加工等方面的费用。另外，既要考虑到工程的一次性投资尽可能低，还应该保证材料的使用寿命。

二、材料应用工艺及其发展

我国装饰技术工艺长期以来处于比较落后的局面，20 世纪 70 年代以后，陆续有一些材料和新工艺出现。改革开放以来，国外一些先进的装饰材料和施工方法、材料工艺等传入我国。经过开展装饰技术的研究，认真学习国外经验，结合我国实际情况，采用新材料、新技术、新工艺，不断创新，促进装饰技术的不断发展和提高。例如，陶瓷饰面砖的施工，除传统的水泥砂浆粘贴法外，近年来部分工程中出现了不用砂浆的胶粘剂接法，不需做准点、冲筋，工艺简单、效率高；饰面板的安装则除了灌浆的湿式工法外，还采用了干挂法和复合板工法。此外，用胶合板、纤维板、塑料板、钙塑装饰板、铝合金等作为墙体和顶棚罩面装饰，可取代抹灰，改变湿法作业，同时提高护层结构功能，增强了装饰效果。又如随着裱糊工艺和喷涂、滚涂、弹涂工艺的采用，胶粘剂的生产和涂料工业也得到了较大发展，成为装饰工程中必不可少的材料。尤其是建筑材料作面层装饰，施工方便，工效较高，色彩丰富，艺术感强，维修简单，成本低廉，在国内外建筑工程中得到了广泛应用。我国近年来在装饰工程中已大量采用了聚合物水泥砂浆喷涂、弹涂饰面，以及过氯乙烯、乳胶漆、甲基硅醇钠、地板漆和地面涂料均取得了良好的装饰和经济效果。另外，利用模板的不同类型，采用“反打”工艺成型墙板，对混凝土结构表面进行装饰处理也值得一提。清水砖墙的装饰混凝土可具有不同的线形和花饰，又能表现混凝土本身所特有的质感，同时因结构基体和饰面在施工中一次完成，可省工料，减少现场装饰作业，缩短施工工期。

近年来，随着我国经济的迅猛发展，对室内外各式装饰材料的需求急剧上升，不断刺激着装饰行业的发展，各种新材料、新工艺不断涌现，装饰材料行业成行成市，材料品种琳琅满目，日新月异，工艺技术突飞猛进。面对当今各种各样、层出不穷的新材料，仅仅是认识就不易，要能合理地运用它们就更难，我们必须关注材料市场，关注新材料、新工艺的发展，才能熟练地驾驭材料，设计才能做到与时俱进。

第五章　室内家具与室内陈设设计

人的一生，绝大部分时间是在室内度过的，因此，人们设计创造的室内环境，必然会直接关系到室内生活、生产活动的质量，关系到人们的安全、健康、效率、舒适等。室内环境的创造，应该把保障安全和有利于人们的身心健康作为室内设计的首要前提。人们对于室内环境除了有使用安排、冷暖光照等物质功能方面的要求之外，还常有与建筑物的类型、家具的风格、性格相适应的室内环境氛围、风格文脉等精神功能方面的要求。

第一节　家具的发展

家具是供使用者坐、躺、贮藏日常活动用品的器具，是人们生活的必需品，不论是工作、学习、休息，或坐或卧或躺，都离不开相应家具的依托。此外，它是室内空间设计中特定的艺术空间构件，在社会、家庭生活中的许多各式各样、大大小小的用品，也需要相应的家具来收纳、隐藏或展示。因此，家具在室内空间中占有很大的比例和很重要的地位，对室内环境效果起着非常重要的影响。

家具的发展与当时社会的生产技术水平、政治制度、生活方式、风格习俗、思想观念以及审美意识等因素有着密切的联系。家具的发展史也是一部人类文明、进步的历史缩影。

一、中国传统家具

根据象形文、甲骨文和商、周代铜器的装饰纹样推测，商代当时已产生了几、榻、桌、案、箱柜的雏形。《易经》里曾有关于床的记载。河南信阳春秋战国时代楚墓的出土文物及湖南长沙战国墓中的漆案、雕花木几和木床，反映当时已有精美的彩绘和浮雕艺术。从商周到秦汉时期，家具都很矮，便于人们以席地跪坐方式吃饭。从汉代的砖石画像上可知，屏风已得到广泛使用。魏晋南北朝时期，从晋朝顾恺之的洛神赋图和北魏司马金龙墓漆屏风图中看，当时已有矮榻，敦煌壁画中凳、椅、床、榻等家具尺度都加高了。一直到隋唐时期，逐渐由席地而坐过渡到垂足坐椅。唐代已制作了较为定型的长桌、方凳、腰鼓凳、扶手椅、三折屏风等。可从南唐宫廷画院顾闳中的《韩熙夜宴图》及周文短的《雹屏绘棋图》中看到各种类型的几、桌、椅、靠背椅、三折屏风等。从总体上看，唐代家具重宏观不大重微观，风格恢宏、豪迈开朗。至五代时，家具在类型上已基本完善。宋辽金时期，从绘画（如宋苏汉臣的《秋庭婴戏图》）和出土文物中反映出，高型家具已普及，垂足坐已代替了席地而坐，家具造型轻巧，线脚处理丰富。北宋大建筑学家李诫完成了有34卷的《营造法式》巨著，并影响到家具结构形式。元代在宋代基础上又有所发展。

明代和清代前期，家具的品种和类型已都齐全，造型艺术也达到了很高的水平，形成了我国家具的独特风格，是中国传统家具发展的最高峰。

明至清前期是我国传统家具的黄金时代，这期间的家具不论是硬木家具、大漆家具，还是民间柴木家具，都具有造型简捷、素雅端庄、比例适度、线条挺秀舒展、不施过多装饰等特点，形成了一种独特的风格，博得人们的赞赏，赢得了国际上的声誉，以致至在艺术领域里形成一种艺术概念，称其为“明式家具”。

明代家具在我国家具史上占有最重要的地位，以形式简捷、构造合理著称于世。其基本特点是：

（1）重视使用功能，基本上符合人体工程学原理，注重内容与形式的统一，如座椅的靠背曲线和扶手形式。

（2）在符合使用功能、结构合理的前提下，造型优美，比例适宜，刚柔并济，外表光洁，干净利索，庄重典雅，繁简得体，统一之中有变化。

（3）结构合理，符合力学要求，形式简捷，榫卯技术卓越，做工精巧，不论从整体或各部件分析，既不显笨重又不过于纤弱。

（4）用材讲究，重纹理，重色泽，质地纯净而细腻。

(5) 具有很高的文化品位和中国特色，在选材、加工等方面，充分体现了尊重自然、道法自然的精神。

明式家具的审美观念和高明的艺术处理手法，是中外家具史上罕见的，达到了功能与美学的高度统一。明代家具常用黄花梨、紫檀、红木等硬性木材，并采用了大理石、玉石、贝螺等多种镶嵌艺术。

我国当代一位研究明式家具的著名学者王世襄先生对明式家具的造型用“品”来评述。“品”，一方面为家具自身固有的品质，另一方面为他人对其的鉴赏。王世襄先生对明式家具总结的“十六品”，即简练、淳朴、厚拙、凝重、雄伟、浑圆、沉穆、秾华、文绮、妍秀、劲挺、柔婉、空灵、玲珑、典雅、清新，高度概括即为“简、厚、精、雅”。

明代家具重装饰，更多地采用嵌、绘等装饰手法，用现代观点来看，比较繁冗、凝重，但因其装饰精美、豪华富丽，在室内起到突出的装饰效果，仍然获得不少中外人士的喜欢，至今在许多场合下仍在沿用，成为我国民族风格的又一杰出代表。

清代中、后期的家具被称为清式家具。清式家具继承了明代家具构造上的某些传统，但造型趋向复杂，风格华丽厚重，线条平直硬拐，雕饰烦琐，风格大变。特别是宫廷家具，吸收了工艺美术的特点，出现了雕漆、雕填、描金的漆家具，还有利用陶瓷、珐琅、玉石、象牙、贝壳等做镶嵌装饰，却忽视和破坏了家具的整体形象，失去了比例和色彩的和谐统一。此种倾向到清晚期更为显著。

二、西方古典家具

由于受不同社会时期的文化艺术、生产技术和生活习惯的影响，西方古典家具经历了不同历史时期的变化和发展，反映了不同时代的传统特点。西方古典家具可分为下面几个历史阶段，即奴隶社会的古代家具、中世纪和文艺复兴时期家具、巴洛克时期家具、洛可可时期家具、新古典主义家具和维多利亚时期家具。

(一) 古代家具

古埃及很早就开始营建宫殿、庙宇和陵墓，古埃及首次记载家具的制造，从发掘的材料看，从古国时代起，贵族们就开始使用凳和椅。古埃及家具的造型遵循着严格的对称规则，华贵中呈威仪，拘谨中有动感，充分体现了使用者权势的大小和其社会地位的高低。强调家具的装饰性超过了实用性。常用金银、宝石、象牙、乌木作为装饰材料，进行镶嵌和雕刻。特别是宫廷家具，常施以金箔装饰，即先把灰泥涂在丝柏之类木器的表面，再涂以有黏着性的兽油或树脂，然后贴上金箔。古代埃及家具的木工技术已达到一定的水平，能够加工较完善的裁口榫接合和精致的雕刻，并运用涂料进行绘饰。椅子是当时家具中最为重要的品种，国王的宝座被视为权势的象征。贮藏家具有柜、箱等，也有用兰草、棕榈纤维编制的筐。埃及家具造型规则，华贵中暗示权威，拘理中具有动感。

古埃及家具对英国摄政时期和维多利亚时期及法国帝国时期影响显著。

古希腊吸取埃及和西亚人的先进文化，于公元前5世纪就使古希腊家具达到了很高的水平。古希腊人生活节俭，家具简单朴素，造型适合生活要求，具有活泼、自由的气质，比例适宜，线型简洁，造型轻巧，优美舒适，充分体现了功能与形式的统一，而不是过于追求华丽的装饰。古希腊家具中最有代表性的品种是凳、椅、箱。

古罗马家具是古希腊家具的继承和发展，是奴隶制时代家具的高峰期。它的家具厚重、装饰复杂、精细，采用镶嵌与雕刻，旋车盘腿脚、动物足、狮身人面及带有翅膀的鹰头狮身的怪兽等，现存的古罗马家具都是大理石、铁或青铜的，包括躺椅、床、桌、王座和灯具。古罗马的上层人物大都热衷于住宅建设，其中的家具自然也很讲究，采用了建筑的处理方法。从现存家具看，板面很厚实，桌腿喜欢用狮脚，还常用浮雕或圆雕作装饰。

（二）中世纪家具和文艺复兴时期家具

中世纪的家具深受宗教的影响，祭司、主教们用的座椅古板笨重，靠背很高，为的是突出表现他们的尊严与高贵。封建领主们用的家具也很粗糙，事实上，已成为落后、保守面貌的反映。这时期的家具常用鸟兽、果实、人物图案作装饰，除使用木材外，还大量使用金、银、象牙等，家具的外形竖直生硬，象牙镶嵌的马西米阿奴斯王座就是一个典型的例子。

12世纪后半叶，“哥特式艺术”兴起，哥特式家具主要用在教堂中，其主要特色是挺拔向上，椅的竖线条多；座面、靠背多为平板状，这个时期被称为“高直时期”。高直时期家具造型深受哥特式建筑和外墙细部设计的影响，哥特式建筑以尖拱代替罗马的圆拱，在宽大的窗户上饰有彩色玻璃，广泛运用扶柱和浮雕，顶部有高耸入云的尖央塔……所有这一切，在家具中都有程度不同的反映。

西方家具受文艺复兴思潮的影响，在哥特式家具的基础上吸收了古代希腊、古代罗马家具的特点。在结构上改变了中世纪家具全封闭式的框架嵌板形式，椅子下坐全部敞开，消除了沉闷感。在各类家具的立柱上采用了花瓶式的旋木装饰，有的采用涡形花纹雕刻。箱柜类家具有檐板、檐柱和台座，形体优美，比例和谐。装饰题材上消除了中世纪时期的宗教色彩，在装饰手法上更多地赋予人情味。

（三）巴洛克时期家具

巴洛克时期家具完全模仿建筑造型的做法，习惯使用流动的线条，使家具的靠背面成为曲面，使腿部呈 S 形。巴洛克家具还采用花样繁多的装饰，如雕刻、贴金、描金、涂漆、镶嵌象牙等，在坐卧家具上还大量使用纺织品作蒙面。

法国巴洛克风格亦称法国路易十四风格，其家具特征是：雄伟，带有夸张的、厚重的古典形式，雅致优美重于舒适，虽然用了垫子，采用直线和一些圆弧形曲线相结合和矩形、对称结构的特征，采用橡木、核桃木及某些欧锻和梨木，嵌用斑木、鹅掌楸木等，家具下部有斜撑，结构牢固，直到后期才取消横档；既有雕刻和镶嵌细工，又有镀金或部分镀金或银、镶嵌、涂漆、绘画，在这个时期的发展过程中，原为直腿变为曲线腿，桌面为大理石和嵌石细工，高靠背，布置的带有精心雕刻的下部斜撑的涡形腿；装饰图案包括嵌有宝石的旭日形饰针，围绕头部有射线，在卵形内双重“L”形，森林之神的假面，“C”“S”形曲线，海际、人面狮身、狮头和爪、公羊头或角、橄榄叶、菱形花、水果、蝴蝶、矮棕榈和睡莲叶不规则分散布置及人类寓言、古代武器等。

英国安尼皇后式巴洛克风格家具轻巧优美，做工优良，线条柔美，并考虑人体尺度，形状适合人体。椅背、腿、座面边缘均为曲线，装有舒适的软垫，用法国、意大利胡桃木作饰面，常用木材有榆、山毛榉、紫杉、果木等。

(四) 洛可可时期家具

洛可可家具是在巴洛克家具的基础上发展起来的。它排除了巴洛克家具追求豪华、故作宏伟的成分，吸收并发展了曲面曲线形成的流动感，以复杂多变的线形模仿贝壳和岩石，在造型方面更显纤细和花哨，不再强调对称均衡等规律。

洛可可家具以青白为基调，在此基础上再装饰石膏浮雕、彩绘、涂金或贴金。洛可可艺术的出现不是偶然的。一种因素是18世纪初人们更加渴望追求自由的生活；第二个因素是法国各阶层对路易十四生前的浮夸作风表示反感和厌弃；第三个因素是新王朝女权高涨，装饰风格和家具风格在很大程度上迎合了上层妇女的爱好。

(五) 新古典主义家具

19世纪初，欧洲从封建主义进入资本主义。新兴的资产阶级对反映贵族腐化生活、大量使用烦琐装饰的巴洛克和洛可可风格表示厌恶，极力希望以简法明快的手法代替旧的烦琐风格。当时的艺术家崇敬古希腊艺术的优美典雅、古罗马艺术的雄伟壮丽，肯定地认为应以希腊、罗马家具作为家具设计的基础，这时期便称为“新古典主义”时期。

古典主义家具的发展大致分为两个阶段：一是盛行于18世纪后半期的法国路易十六式、英国的亚当兄弟式及美国联邦时期出现的家具；二是流行于19世纪初的法国帝政式、英国摄政式。这两个阶段各有自己的代表，即分别为法国路易十六帝政式和摄政式。

路易十六式家具的特征：以直线和矩形的造型为基础，家具的腿多为带有凹槽的圆柱形。脚部常有类似水果的球形体。这些家具不大使用镀金等装饰，而较多地采用嵌木细工、漆饰等做法。曲线少了，直线渐多。最常用的材料是胡桃木、桃花心木、椴木和乌木。椅的座面、扶手等多用丝绸、锦缎作蒙面，色彩淡雅，大多为中间色。路易十六式家具种类繁多，家具更轻，更女性化，除桌、椅、凳外，还有梳妆台、高方桌和牌桌等。

法国帝政式家具恪守对称的原则。家具带有刚健曲线和雄伟的比例，体量厚重，常用狮身人面像、战士、胜利女神及花环、花束等与战争有关的纹样作装饰。帝政式家具广泛使用旋涡式曲线以及少量的装饰线条，家具外观对称一致，采用暗销的胶粘结构。色彩配置大量使用黑、金、红，即用桃花心木的紫黑色、青铜镀金件的金色与蒙面天鹅绒红色相调和。

(六) 维多利亚时期家具

维多利亚时代是一个很长的阶段，也是家具史上最富有变革性的年代。就家具式样的发展而言，可分为早期、中期和后期三个时期。

在维多利亚早期，已经开始出现木工机械，但那时机械造出来的家具只能称为廉价的粗劣家具，用于满足最一般市民的需求。但那时，上层社会的人们已认识到古典家具的美学价值及收藏价值，兴起了一种复制古典家具的热潮。哥特式、伊丽莎白式、洛可可式等各种风格的家具轮番登场，自然也没有形成什么成熟的风格。

从维多利亚中期，英国的工业设计思想开始萌生，但当时家具设计仍然停留在古典主义设计思想上，没有跟上时代步伐。

维多利亚时代的后期，家具式样更为复杂，完全失去了独立的家具风格。在这种混乱的状态下，一些进步设计家提倡创新运动，因而出现了拉斯金、莫里斯等人对家具设计及生产的新看法和新认识，有了莫里斯的红屋，乃至后来的工艺美术运动，揭开了对现代家具探索的序篇。

三、近现代家具

从19世纪中期起，家具设计逐渐走向现代，即从重装饰走向重功能，从重手工走向重机械。此前的种种家具，在家具史上都有一定的地位，但是，由于它们很难满足现代生活的要求，不能不进行新的变革。

19世纪末到20世纪初，新艺术运动摆脱了历史的束缚，澳大利亚托尼(Thone)设计了曲木扶手椅。继新艺术运动之后，风格派兴起，早在1918年，里特维尔德设计了著名的红、黄、蓝三色椅，并在1934年设计了Z字形椅。西方许多著名建筑师都亲自设计了许多家具，如赖特(1896—1959年)为Ijrken建筑设计了第一把金属办公椅，勒·柯布西耶(1887—1965年)在

1927年设计的镀铬钢管构架上用皮革作饰面材料的可调整角度的躺椅，在1929年设计的可转动的扶手椅，米斯在1929年设计的“巴塞罗那”椅。

“二战”后，美国家具业迅速发展，丹麦、挪威、瑞典、芬兰四国的家具也很快闻名于世。它们四国的家具不像英国、法国家具那样崇尚装饰，也不像美国家具那样刻意求新，而是充分利用北欧的木材资源，着力表现木材的质感和纹理，用清漆罩面以显示木材的本色，具有清新淡雅、色泽光洁、朴实无华的气质。

1965年之后，意大利的家具业突飞猛进。它有意避开北欧诸国的锋芒，以便宜的塑胶为材料，在发扬传统的基础上探求新风格。

20世纪60年代，新一代家具设计师们开始怀疑现代主义理论的永恒性，他们感觉到现代主义过于理性化、机械化，产品千篇一律。尤其不能容忍的是现代主义忽视人的个性发展，缺乏人情味的艺术趣味，阻碍了设计界的发展。

20世纪70年代，家具的设计进一步切合工业化生产的特点，组合家具、成套办公家具成了这一时期的代表作。后现代主义（Post—Modernism）产生于欧美，在七八十年代的建筑界和设计界掀起轩然大波，随即开始走向衰退。所谓“后现代”并不是指时间上处于“现代”之后，而是针对艺术风格的发展演变而言。正如人们常常把机械化大批量生产的时代称为工业化社会，而把微电子技术时代称为后工业化社会一样，这是针对科学技术和生产方式的发展而言的。后现代主义首先体现于建筑界，而后迅速波及其他设计领域。

20世纪80年代后，家具设计风格多样，出现了多元并存的局面。高科技派着力表现工业技术的新成就，以简洁的造型、裸露材料和结构表现所谓“工业美”。新古典主义，则更加注重象征性的装饰，表达对古典美的怀恋之情。同一时期，仿生家具、宇宙风格等家具纷纷问世。

综观各国、各地、各种风格流派的家具，可以看出现代家具的两条主流线：一条线是以新材料、新工艺、新结构为基础，着眼于标准化、系列化、通用化和批量化；另一条线是以传统形式及手工业生产技术为基础，着眼于传统技艺与现代化工业生产相结合，比较注意传统格调和民族性。这两种趋向各有特色，但就现代家具的整体而言，其基本特点是注重功能，讲究适用，强调以人体工程学理论为指导确定家具的尺寸；外观简洁大方，线脚不多，造型优美，没有烦琐的装饰；注重纹理、质地、色彩，体现材料的固有美；与机械化、自动化生产方式相联系，充分考虑生产、运输、堆放等要求；注意应用新的科技成就，使用新材料、新技术、新配件，在使用中与幻光设备、声响设备、自控设备、自动化的办公系统相结合，创造出了一大批前所未有的新形式，取得了革命性的伟大成就，标志着崭新的当代文化、审美观念。

第二节　家具的尺度与分类

一、家具的尺度

尺度是指家具造型设计时，根据人体尺度或使用要求所形成的特定的尺寸范围，家具的比例也必须通过具体尺度来体现。家具的尺度是指家具整体绝对尺寸的大小和家具整体与零部件、家具容量与存放物品、家具与室内空间环境及其他陈设相互衬托时所获得的一种大小印象。这种不同的大小印象会给人以不同的感觉，如舒畅、开阔、宜人、闭塞、拥挤、沉闷等，这种感觉就叫尺度感。

为了获得良好的尺度感，除了从功能要求出发确定合理的尺寸之外，还要从审美要求出发，调整家具在特定条件下或特定环境中的某些整体或零部件等相应的尺度，以获得家具与人、家具与家具、家具与物及家具与室内环境的协调。

对于支承人体的支承类家具，如椅、凳、沙发、床等，主要是根据人在坐、躺、卧时的形态特征和人体尺度来确定其外形尺寸，使人坐得舒适、躺得满意、睡得安稳，有利于提高工作效率或消除疲劳。如椅座的前高就是根据人的小腿平均长度加上鞋底厚度；椅宽是根据臀部尺寸加上适当的活动范围；座深则是根据大腿长度并使腿内侧与椅前沿保持适当间隙。

对于贮存类家具，如橱、柜、架等，主要是先确定存放物品所需要的内部尺寸，并考虑人体尺度与人体动作范围，然后在适当考虑比例和造型要求而确定其外部尺寸，为人们提供需要的贮存空间和满足相应的贮存使用条件，方便人们存取和使用。例如，大衣柜的深度主要考虑使用时挂放衣服的宽度尺寸及其厚薄；大衣柜高度主要是根据大衣挂放时的长度要求、挂衣架的有效高度再加上挂衣棍与柜顶以及衣服下端与底板之间的适当间距来确定的。对于通透型、隔透型和开敞型的搁板层高应与计划陈列的或可能放置的物品尺寸相协调，要求放置物品后，既不过于空虚，又不过于充实，要求疏密有致，舒适美观。要求如同裁剪得体的衣服，既不过于宽大，也不过于窄小。

对于凭倚类家具，如桌、几、台等，既要满足人体尺度和生理卫生的要求，也要考虑放置玻璃板及其他文具物品的需要。如写字台高度的确定是在椅座高度的基础上再加上适当的距离，使之满足合理的视距要求（350 mm左右）；办公室用的办公桌一般均比住宅民用和宾馆旅客用的写字台尺寸大、抽屉多。对于小件家具，特别是小桌、小茶几之类，在不影响功能与结构的前提下，尽量采用小的零件断面尺寸。不同的零件尺寸将形成不同的尺度感。如两个小茶几，尽管外形轮廓尺寸完全相同，但由于零件粗细不同，粗的显得呆滞，细的则显得轻巧，整体尺度感也就产生了差异。

对于室内成套家具布置，还包括家具与家具之间，以及家具与室内空间的比例。大空间室内的家具应有较大的尺度，小空间的家具应配以相应较小的尺度。例如，大会堂的讲台就应比普通教室的讲台高大，并配以相应较高的座椅；大的客厅应配以大尺度的地柜、大的电视机、大的沙发。同时，在设计成套家具时，不要为了追求统一而忽略大小相差悬殊的家具，在零件尺寸方面做出相应的调整，如零件的断面尺寸、板件的厚度等。这些都是获得良好的尺度感。

二、家具分类

家具是室内的物质装备之一，它的基本功能是辅助人类生活中的各种活动。建筑的功能因家具才最终得以实现。它是建筑与人类生活的汇接点，比建筑更直接地与人类生活相关联。家具作为室内能够移动的设备是其重要的特征，是室内设计至关重要的组成部分。

(一) 按家具与人体的亲疏关系分类

(1) 人体系家具：是直接支撑人体的家具，如椅、床等，是一切家具中与人体关系最为密切的对象，所以也是设计师应赋予最大关注的对象。它们的设计受人体形态、尺寸与动作等的严格制约。

(2) 准人体系家具：它们虽不直接支撑人体。但起到支持人类作业的重要作用，如写字台、餐桌与工作台等。是与人体关系相当密切的对象。其设计除受人体的制约外，还受到人体系家具的形态、尺寸等的制约。

(3) 建筑物系家具：它们本来是建筑物的组成部分，为了某种便利从建筑物中独立出来。主要用于生活用品的整理与收藏以及室内空间的临时分割等，如各类橱、柜和屏风等，是家具中受人体的直接制约最少的对象。尽管如此它与人体的关系仍比建筑物本身更为亲密，与人体的关系仍是设计的重要因素，而收藏物品的种类、数量与收藏方式等是设计的主要因素。

(二) 按家具的类型分类

(1) 移动式家具：可根据室内布置的使用要求灵活移动的家具。包括单件和组合两种不同形式。

单件家具是功能明确而形式独立的一般家具，如独立存在的椅、凳、桌几、沙发、柜橱等。从节省面积、方便运输角度还可以分成堆积式、折叠式、拆装式。堆积式家具主要是用于公共建筑中众多人数使用的座椅，以解决座椅多量的存放问题。折叠式家具的主要部位设置若干个折动点，这些折动点用铆接或用螺栓连接。互相牵连而起连动作用，当家具不用时可以折叠合拢，便于存放和运输。拆装式家具是在结构上不用榫接合、焊接合等固定死的接合方式，而是用连接件或部件插接将零部件组装成整体的家具。

组合家具是采用单位尺度的系列单元组件，可以按空间和功能需要做自由配合的多用途家具，也称单元家具和组件式家具。由柜类家具组合在一起的称为组合柜，由几种沙发组合一起的称为组合沙发，由不同类型的家具组合在一起的是多功能家具。这种家具是纯粹的工业设计产品，要求简化家具的组合单元，以利于批量化生产和减少生产成本，消费者可以按自己的意愿随意组合，其特点是功能和造型上的简明和美感，尤其是变化的功能富有造型上的统一感。

（2）固定式家具：即固定于建筑结构之上、不能随意移动的家具，包括住宅中的壁柜、吊柜、隔板及加宽的窗台板兼做小桌等。固定家具既能满足功能的需要，又能充分利用空间，增加环境的整体感，更重要的是可以实现建筑与家具的同步设计与施工。值得注意的是，此类家具的设计和施工都要精心，务求位置、尺度、施工质量的高层次。

（三）按家具的使用场合分类

（1）民用家具：日常生活用家具，是人类生活离不开的家具。由于是用于个人生活，有特定的使用者。所以这类家具类型多，品种复杂，式样多样化。其设计受使用者的特定要求、个性与状况制约。

（2）公用家具：是公共建筑室内使用的家具，由于社会活动内容不同，专业性很强，每一类场所家具的类型不多，但是数量很大。这类家具的设计是以使用者群体的平均、共性的数据为依据。虽然有些与民用家具相差不多，但是设计时要求条件要高些，要适应环境气氛，并充分利用有效空间。

（3）室外家具：泛指供室外或半室外的阳台、平台使用的桌、椅，要求与外环境的风格和功能相吻合，要求具有抗御外界气候条件的功能。

（四）按家具的功能分类

采取这种分类法有助于设计者从人体工学的角度去研究家具，使家具设计更加符合人的生理特征和需求。其具体种类有：

（1）坐卧家具：主要指直接支承人体的家具，如椅、凳、沙发、床、榻等。

（2）凭倚家具：主要指不全部支承人体，但人要在其上工作的家具，如桌子、柜台、茶几、床头柜等。

（3）储物家具：主要指储存衣服、被褥、书刊、器皿、货物的壁柜、衣柜、书架、货架及各种隔板等。

④装饰家具：有些虽然也有一定实用价值，但主要是用来美化空间的，具有很强的装饰性，可称装饰类家具，如博古架与花几等。

（五）按家具的结构形式分类

（1）框架式家具：传统家具都是框架式形式，以榫卯、装板为主的结构。

是实木家具在发展中形成的理想结构。它以较细的纵横撑档料为骨架，以较薄的装板铺大面，用槽、榫来连接，既经济又结实轻巧，无论是支承类家具还是储存类家具都采用。我国几千年的历史文化中，明末清初的传统家具较好地体现了这一点。这类家具均使用实木，对木材的要求较高，且利用率很低，对实现家具生产的机械化、自动化存在较大的困难。

（2）板式家具：凡主要部件均由各种人造板作为基材的板件构成，并以连接件接合起来的家具称为板式家具。板式家具可分成可拆装和不可拆装两种。板式家具的板块既是家具的围体件，又是家具的结构受力件。板式家具的生产大大提高了木材资源的工业利用率，对于实现家具生产的自动化提供了条件。板式家具是柜类家具生产的发展方向。现代板式家具的板件表面不再是光溜溜的表面，而是附以大量可选用的线型、线脚、浮雕等表面装饰手段。板式家具结构简单，专用连接件可使家具实现多次拆装，既便于家具的包装运输，又便于家具的使用保养。

（3）曲木家具：凡主要部件是由经过软化处理并弯曲成型的木质零件或多层胶合弯曲等工艺生产的木零件而构成的家具称为曲木家具。曲木家具生产工艺是新型的家具制造工艺，该类家具的结构简单，造型优美，目前主要应用于椅类家具的生产。

（4）折叠家具：使用后或存放时可以改变形状和折叠收缩的家具叫折叠家具。折叠式家具的主要种类有椅、桌、床等。

（六）按家具的主要材料分类

家具的制作材料多样，可以充分发挥各种材料的性能，取得多变而富于材质和对比趣味，可以分为木质家具、金属家具、塑料家具、玻璃家具、软垫家具、竹藤家具、石材家具。木质材料是古今中外家具生产的最主要材料，包括实木家具、木质人造板家具、实木弯曲家具、薄板胶合弯曲家具。金属家具以钢和铝为主要材料，不锈钢也可以作为家具的主体构件。采用塑料制成的家具具有自然材料无法代替的优点，既可以单独成型自成一体，还可以制成部件与金属材配合制成家具。玻璃用在家具上。其透明性令人赞赏，陈列柜、餐柜、茶几等常用，特别是利于观赏和扩大室内空间。软垫家具是由泡沫成型和充气成型的具有柔性的家具，主要应用在与人体直接接触的沙发、坐垫及床榻上，是极其普及的家具。竹藤便于弯曲和编结，使竹藤家具造型轻巧且具有自然美。石材的质地坚硬、耐久，感觉粗犷、厚实，常用大理石制作桌及茶几的腿、支撑构件或全部。

（七）按家具产生的时间分类

每一个国家，特别是世界文明古国，每一个历史时期都有不同风格的家具。目前在家具市场上仍然存在或有影响的主要有如下国家和典型风格的家具。

（1）中国古代家具指宋式家具、明式家具、清式家具。这些统称中国传统家具（中国古典家具）。中国明式家具是在历代家具不断发展的基础上完善、成熟起来的，形成了一种独特的风格。明式家具在国内、国际市场上越来越受到关注和欢迎。明式家具也就成了中国传统家具的代名词。

（2）法国古代家具有：路易十四式，路易十五式，路易十六式，拿破仑帝政式家具等。今天制造的法国古代家具统称法国乡村式家具，它是一种适合于现代生活需要和生产工艺的法国古典家具。这类家具具有优美的线型雕刻装饰形式。

（3）美国古代家具有：美国殖民地式家具，联邦式家具。它是在美国早期家具款式的基础上发展起来的，式样多受法国家具的影响，但保持着美国式简洁、粗犷的特色。

（4）英国古代家具有：威廉—玛丽式家具，安娜式家具，维多利亚式家具，18世纪英国传统式等。今天多见的英国传统式家具就是在18世纪四大设计名师作品的基础上设计的。四大设计名师家具形式是：奇彭代尔式、赫普怀特式、亚当式、谢拉顿式。

第三节　家具设计的布置与组织空间

一、家具布置设计

应结合空间的性质和特点，确立合理的家具类型和数量，根据家具的单一性和多样性，明确家具布置范围，达到功能分区合理。组织好空间活动和交通路线，使动、静分区分明，分清主体家具和从属家具，使相互配合，主次分明。安排组织好空间的形式、形状和家具的组、团、排的方式，达到整体和谐的效果，在此基础上进一步，应该从布置格局、风格等方面考虑。从空间形象和空间景观出发，使家具布置具有规律性、秩序性、韵律性和表现性，获得良好的视觉效果和心理效应。因为一旦家具设计好和布置好后，人们就要去适应这个现实存在。

不论在家庭或公共场所，除了个人独处的情况外，大部分家具使用都处于人际交往和人际关系的活动之中，如家庭会客、办公交往、宴会欢聚、会议讨论、车船等候、逛商场或公共休息场所等。家具设计和布置，如座位布置的方位、间隔、距离、环境、光照，实际上往往是在规范着人与人之间各式各样的相互关系、等次关系、亲疏关系，影响到安全感、私密感、领域感。形式问题影响心理问题，每个人既是观者又是被观者，人们都处于通常说的“人看人”的局面之中。

因此，当人们选择位置时必然对自己所处的位置做出考虑和选择，自古以来，人在自然中总是以猎人—猎物的双重身份出现，他们既要寻找捕捉的猎物，又要防范别人的袭击。人类发展到现在，虽然不再是原始的猎人猎物了，但是，保持安全的自我防范本能、警惕性还是延续下来，在不安全的社会中更是如此，即使到了十分理想的文明社会，安全有了保障时，还有保护个人的私密性意识存在。

因此，我们在设计布置家具的时候，特别在公共场所，应适合不同人们的心理需要，充分认识不同的家具设计和布置形式代表了不同的含义，比如，一般有对向式、背向式、离散式、内聚式、主从式等布置，它们所产生的心理作用是各不相同的。

(一) 家具位置布置

按家具在空间中的位置可分为：

周边式。家具沿四周墙布置，留出中间空间位置，空间相对集中，易于组织交通，为其他活动提供较大的面积，便于布置中心陈设。

岛式。将家具布置在室内中心部位，留出周边空间，强调家具的中心地位，显示其重要性和独立性，周边的交通活动保证了中心区不受干扰和影响。

单边式。将家具集中在一边，留出另一边空间（常称为走道）。工作区与交通区截然分开，功能分区明确，干扰小，交通成为线形，当交通线布置在房间的短边时，交通面积最为节约。

走道式。将家具布置在室内两侧，中间留出走道。节约交通面积，交通对两边都有干扰，一般客房活动人数少，可以这样布置。

（二）家具布置与墙面的关系

按家具布置。与墙面的关系可分为：

靠墙布置。充分利用墙面，使室内留出更多的空间。

垂直于墙面布置。考虑采光方向与工作面的关系，起到分隔空间的作用。

临空布置。用于较大的空间，形成空间中的空间。

（三）家具布置格局

按家具布置格局可分为：

对称式。显得庄重、严肃、稳定而静穆，适合于隆重、正规的场合。

非对称式。显得活泼、自由、流动而活跃，适合于轻松、非正规的场合。

集中式。常适合于功能比较单一、家具品类不多、房间面积较小的场合，组成单一的家具组合。

分散式。常适合于功能多样、家具品类较多、房间面积较大的场合，组成若干家具组，不论采取何种形式，均应有主有次，层次分明，聚散相宜。

二、家具设计组织空间

（一）组织空间，分隔空间

组织空间是家具的功能，在适当的空间中陈列一些家具，可使空间更具有活力。几张简单的沙发座椅和茶几，会使单调的走廊在原有的交通空间基础上增加休闲的功能，使空间更具有生气。

利用家具来分隔空间也是室内设计中的内容之一。在许多室内设计中得到广泛的应用。如在居室设计中，利用橱柜来分隔房间；在厨房与餐厅之间，利用吧台、酒柜来分隔；在商场、超市利用货架、货柜来划分区域等。因此，应该把室内空间的分隔和家具结合起来考虑。在可能的条件下，通过家具分隔既能减少墙体的面积，减轻自重，提高空间利用率，还可在一定的条件下，通过家具布置的灵活变化达到适应不同的功能要求的目的。

（二）调节色彩，创造氛围

在室内装饰中，由于家具的陈设作用，家具的色彩在整个室内装饰中具有举足轻重的作用。在室内色彩设计中，我们用得较多的设计原则是大调和、小对比。其中，小对比的色彩设计手法，往往就落在家具身上。在一个色调沉稳的客厅中，一组色调明亮的沙发会令使用者精神振奋并能吸引他们的视线，从而起到形成视觉中心的作用。另外，经常以家具织物的调配来构成室内色彩的调和或对比色调来取得整个房间的和谐氛围，能够创造宁静、舒适的色彩环境。

家具在室内空间中所占的比例较大，体量比较突出，因此家具就成为体现室内空间氛围的重要角色。历来人们在选用家具时，除了考虑家具的使用功能外，还利用各种艺术手段，通过家具的形象来表达自己的思想或某种精神层面的东西，同样是卧室，但由于选用的床不同，就创造出两种截然不同的氛围。自古以来，家具既是实用品，又是陈设品。家具作为美学和艺术的结合，应该根据不同的场合、用途、性质等，正确选择家具，创造出空间的情调和氛围。

（三）划分功能，识别空间

空间性质在很大程度上取决于所使用家具的类型。一般在家具没有布置前是难以识别空间的功能和性质的，因此，可以说家具是空间实际性质的直接表达者，是空间功能的决定者。正确地选择家具，可以充分反映出空间的使用目的、规格、等级、地位及使用者的个人特征等，从而为空间赋予一定的环境品格。因为房间布置了沙发和茶几后，空间功能就被确定为客厅，成为整套居室的公共交流空间。类似的空间大小，布置了床，其功能就被定位为卧室，是私人空间，使用者和使用范围都相对较小。

综上所述，家具在室内装饰设计中占有十分重要的地位，它除了要满足人们的起居生活的需要外，还体现了室内环境的整体设计风格。因此，在室内装饰中人们要科学合理地选择、布置家具，为营造美好的室内环境创造条件，为人们提供舒适的生活环境，创造良好的氛围。

第四节　室内陈设的意义与设计原则

一、室内陈设的意义

室内陈设或称摆设，是继家具之后又一室内设计的重要内容。陈设品的范围非常广泛，内容极其丰富，形式也多种多样，随着时代的发展而不断变化。但是陈设的基本目的和深刻意义，始终是以表达一定的思想内涵和精神文化方面为着眼点，并起着其他物质功能所无法代替的作用，它对室内空间形象的塑造、气氛的表达、环境的渲染起着锦上添花、画龙点睛的作用，也是完整的室内空间所必不可少的内容。同时，陈设品的展示也不是孤立的，必须和室内其他物件相互协调和配合，亲如一家。此外，陈设品在室内的比例毕竟不大，因此为了发挥陈设品所应有的作用，陈设品必须具有视觉上的吸引力和心理上的感染力。也就是说，陈设品应该是一种既有观赏价值又能品味的艺术品。我国传统楹联是室内陈设品的典型的杰出代表。

我国历来十分重视室内空间所表现的精神力量，如宫殿的威严、寺庙的肃穆、居室的温馨等。究其源，无不和室内陈设有关。

室内陈设浸透着社会文化、地方特色、民族气质、个人素养的精神内涵，都会在日常生活中表现出来。室内陈设一般分为纯艺术品和实用艺术品。艺术品只有观赏品味价值而无实用价值（这里所指的实用价值是指物质性的），而实用工艺品，则既有实用价值又有观赏价值。两者各有所长，各有特点，不能代替，不宜类比。要将日用品转化成具有观赏价值的艺术品，当然必须进行艺术加工和处理，此非易事，因为不是任何一件日用品都可列入艺术品；而作为纯艺术品的创作也不简单，因为不是每幅画、每件雕塑都可获得成功的。

常用的室内陈设有如下几类。

(一) 字画

我国传统的字画陈设表现形式，有楹联、条幅、中堂、匾额以及具有分隔作用的屏风、纳凉用的扇面、祭祀用的祖宗画像等（可代替祠堂中的牌位）。所用的材料也丰富多彩，如有纸、锦帛、木刻、竹刻、石刻、刺绣。我国传统字面至今在各类厅堂、居室中广泛应用，并作为表达民族形式的重要手段。西洋画的传入以及其他绘画形式，丰富了绘画的品类和室内风格的表现。字画是一种高雅艺术，也是广为普及和为群众喜爱的陈设品，可谓装饰墙面的最佳选择。

(二) 摄影作品

摄影作品是一种纯艺术品。摄影和绘画不同之处在于摄影只能是写实的和逼真的。少数摄影作品经过特技拍摄和艺术加工，也有绘画效果，因此摄影作品的一般陈设和绘画基本相同，而巨幅摄影作品常作为室内扩大空间感的界面装饰，意义已有不同。摄影作品制成灯箱广告，这是不同于其他绘画的特点。

由于摄影能真实地反映当地当时所发生的情景，因此某些重要的历史性事件和人物写照，常成为值得纪念的珍贵文物。

(三) 雕塑

瓷塑、铜塑、泥塑、竹雕、石雕等，流传于民间和宫廷。晶雕、木雕、玉雕、根雕等是我国传统工艺品之一，题材广泛，是常见的室内摆设。有些已是历史珍品，现代雕塑的形式更多。

(四) 盆景

盆景在我国有着悠久的历史，是植物观赏的集中代表，被称为有生命的绿色雕塑。盆景的种类和题材十分广阔，它像电影一样，既可表现特写镜头，如一棵树样盆景，老根新芽，充分表现植物的刚健有力，苍老古朴，充满生机；又可表现壮阔的自然山河，如一盆浓缩的山水盆景，可表现崇山峻岭、湖光山色、亭台楼阁、小桥流水，千里江山，尽收眼底，可以得到神思卧游之乐。

(五) 工艺美术品、玩具

工艺美术品的种类和用材更为广泛，有竹、木、草、藤、石、泥、玻璃、塑料、陶瓷、金属、织物等。有些本来就是属于纯装饰性的物品，如挂毯之类。有些是将一般日用品进行艺术加工或变形而成，旨在发挥其装饰作用和提高欣赏价值，而不在实用。这类物品常有地方特色以及传统手艺，如不能用以买菜的小筐、不能坐的飞机、常称为玩具等。

(六) 个人收藏品和纪念品

个人的爱好既有共性，也有特殊性，家庭陈设的选择，往往以个人的爱好为转移，不少人有收藏各种物品的癖好，如邮票、钱币、字画、金石、钟表、古玩、书籍、乐器、兵器以及各式各样的纪念品，传世之宝，这里既有艺术品也有实用品。其收集领域之广阔，几乎无法予以规范。但正是这些反映不同爱好和个性的陈设，使不同家庭各具特色，极大地丰富了社会交往内容和生活情趣。

此外，不同民族、国家、地区之间，在文化经济等方面反差是很大的，彼此都以奇异的眼光对待异国他乡的物品。我们常可以看到，西方现代厅室中，挂有东方的画轴、古装，甚至蓑衣、草鞋、草帽等也登上大雅之堂。这些异常的陈设和室内其他物件的风格等没有什么联系。

(七) 日用装饰品

日用装饰品是指日常用品中，具有一定观赏价值的物品，它和工艺品的区别是，日用装饰品主要还是在于其可用性。这些日用品的共同特点是造型美观、做工精细、品味高雅，在一定程度上具有独立欣赏的价值。因此，不但不必收藏起来，而且要放在醒目的地方去展示它们，如日用化妆品、古代兵器、灯具等。

(八) 织物陈设

织物陈设，除少数作为纯艺术品外，如壁挂、挂毯等，大量作为日用品装饰，如窗帘、台布、桌布、罩、靠垫、家具等蒙面材料。它的材质形色多样，具有吸声效果，使用灵活，便于更换，使用极为普遍。由于它在室内所占的面积比例很大，对室内效果影响很大，因此是一类不可忽视的重要陈设。

二、室内陈设的设计原则

室内陈设设计所包含的问题通常是很复杂的，为了分析和评价室内陈设设计，首先需要了解室内陈设设计的基本原则，它们分别是满足功能需要、结构和材料选择适当和美观的原则。

(一) 满足功能需要

功能是为了满足空间中人的行为的需要，“以人为本”是室内陈设设计社会功能的基石。满足功能需要是陈设设计品质的第一原则。要求设计的空间尺度适宜，人们使用起来方便、舒适、安全，同时在空间组织、色彩和材料的使用，环境气氛的营造等方面满足心理与情感的需求。

(二) 结构和材料选择适当

材料与技术的选择影响着工程的耐久性和存在的价值，而价值与功能是分离的，材料与技术必须根据设计用途合理使用。耐久和昂贵的材料不一定在每种情形下都合适。

只要适于它的用途且制造精良，纸杯和金杯可以是同样优秀的设计作品。

(三) 美观

设计师塑造的产品与空间应与观众、使用者定义该产品和空间的目标相一致。当这些想法是适宜和清晰的，且通过各种设计手法，有效地表达了产品的形式、形状、色彩、质感等时，观众、使用者才会在深度上理解设计，并在视觉及使用上感到满意，以保证设计作品的美观大方。

第六章 室内绿化设计

随着社会的发展，人口的膨胀，建筑的增多，环境被污染，绿色生态系统不断遭到破坏，人类赖以生存的绿色世界在逐渐消失。渴望回归自然，获得绿色空间环境已成为现代世界各国人民的共同愿望。

第一节 室内绿化的原则与类型

一、室内绿化的原则

室内绿化装饰是一项具有较高美学价值和科学价值的艺术创作。它不是植物材料的简单堆砌，而是要利用植物将室内空间布置成既适合人居住需求，又能满足植物生长发育的生态空间，充分运用美学原理进行合理的设计与布置，创造出美丽、优雅、舒适的形式和氛围，以愉悦人们的身心。因此，在进行室内绿化装饰时，要遵守生态性原则、艺术性原则和文化性原则。

(一) 生态性原则

在进行室内绿化装饰时，首先要做的是结合室内环境的大小、功能、必要装饰处的多少，按照生态性原则，将植物摆放在适宜其生长的环境条件下，让其充分展现其应有的姿态。这样才能通过室内绿化装饰创造出生态型的室内景观，为居者创造一个合适的生态性空间，才能达到既经济实用又美观的目的。

开花和彩叶植物适宜用来装饰南向窗户及其附近空间。充足的光照可使植物正常生长，并保持长时间良好的观赏性，但开花后则应移至较阴处可延长花期，如朱顶红、马蹄莲、蒲包花、石榴、白兰、龙血树、鱼尾葵、椰子、观音竹等。多数观叶植物喜欢半阴环境，如吊兰、豆瓣绿、绿萝、花叶常春藤、散尾葵、南洋杉等，可用来装饰室内多数空间。对极阴的角落、通道、拐角等处，应用耐阴的花卉种类来装饰，如部分蕨类、万年青、一叶兰、八角金盘、棕竹、君子兰、秋海棠、常春藤等，且应经常更换并出室复壮，以保持叶色、叶型正常，植株健康充实，从而保证最佳观赏性。

根据室内空间的功能要求及视线位置，将装饰植物正确摆放。一般以不遮挡和分散视线为宜，人口处以不堵塞通行为宜，小空间和高位的绿化装饰还要考虑使用的实用性。

客厅、餐厅、卧室、厨房、卫生间、阳台、工作室、办公室、酒店大堂、宴会厅、会场、会展、商场等场所是目前室内绿化装饰的重点场所，因其使用功能不同，植物摆放的要求有较大差别。例如，客厅、酒店大堂等人流活动多的地方，要求体现热烈、充满生气、有品位等主题和氛围，所用植物数量多且色彩亮丽，布置方式和层次多样而有序；图书馆和书店等供人休息、学习的空间，需要体现安静、舒适的氛围，摆放植物用量要少而精、色彩素雅。

植物的摆放位置应从实用的角度以植物的平面位置和高度为主要标准，小空间不放大植物，高空间多用垂吊植物等。如餐桌、茶几上适合摆放枝叶小而密的植物，高度以人落座后不超过平视高度为准。

吊挂装饰可增加空间的立体景观，应以自然放松仰视的高度为宜，靠（窗）边吊挂，一面美观；靠中间吊挂，四面观赏。

（二）艺术性原则

室内绿化装饰最直接的目的之一就是创造艺术美，如果没有美感就根本谈不上装饰。因此，必须依照美学的原理，通过艺术设计，明确主题，合理布局，分清层次，协调形状和色彩。才能收到清新明朗的艺术效果，使绿化布置很自然地与装饰艺术结合在一起。为体现室内绿化装饰的艺术美，必须通过形式的合理搭配才能达到，具体装饰时主要表现在整体构图、色彩搭配、形式的组合上。

植物的姿色和形态是室内装饰的第一特性。在进行室内绿化装饰时，要依据各种植物的姿色形态，选择合适的摆设形式和位置，如植物的姿态、色彩、线条、质地及比例都要有一定的差异和变化，显示多样性，但又要使它们之间保持一定相似性，引起统一感，这样既生动活泼，又和谐统一。在室内植物布置时运用统一的原理，主要体现植物的体量、色彩、线条等方面要具有一定的相似性或一致性，给人以统一的感觉；同时注意与其他配套的花盆、器具和饰物间搭配协调，要求做到和谐相宜。例如，悬垂植物宜置于高台花架、柜橱或吊挂高处，让其自然悬垂；色彩斑斓的植物宜置于低矮的台架上，便于欣赏其艳丽的色彩；而对于直立型和造型规则的植物宜摆在视线集中的位置。因此，掌握在统一中求变化、在变化中求统一的原则是进行室内绿化装饰的基本要求。

比例是设计和构图要素间的相互关系，比例适当显得真实、有美感，给人以愉快和舒适的感觉；反之，给人压迫感。在室内绿化装饰中，比例主要是植物与房间、植物与花盆、植物与植物、植物与摆放的位置等方面的比例关系，即植物的形态、规格要与所摆设的场所大小、位置相配套。比如空间大的位置可选用大型植株及大叶品种，以利于植物与空间的协调；小型居室或茶几案头只能摆设矮小植株或小盆花木，这样会显得优雅得体。

室内绿化装饰的植物颜色的选择要根据室内的色彩状况而定。如以叶色深沉的室内观叶植物或颜色艳丽的花卉进行布置时，背景底色宜用淡色调或亮色调，以突出立体感；室内光线不足、底色较深时，宜选用色彩鲜艳或淡绿色、黄白色的浅色花卉，以取得理想的衬托效果。陈设的植物也应与家具色彩相互衬托。如清新淡雅的植物摆在底色较深的柜台、案头上可以提高花卉色彩的明亮度，使人精神振奋。这些都是将暗的背景与明亮的植物形成对比搭配取得较好映衬效果的例子，但应注意对比度不可过强。

邻近色间的搭配是比较容易协调的，但也会有一定变化，如蓝色墙面前摆放绿色植物或开紫花的植物，既协调又有变化。浅黄色家具配绿色植物也较协调。

(三) 经济实用性原则

室内绿化装饰必须符合功能的要求，要实用，这是室内绿化装饰的另一重要原则。所以，要根据绿化布置场所的性质和功能要求，从实际出发，做到绿化装饰美学效果与实用效果的高度统一，如书房是读书和写作的场所，应以摆设清秀典雅的绿色植物为主，以创造一个安宁、优雅、静穆的环境，使人在学习间隙举目张望，让绿色调节视力，缓和疲劳，起镇静悦目的功效，而不宜摆设色彩鲜艳的花卉。

室内绿化装饰除要注意美学原则和实用原则外，还要求绿化装饰的方式经济可行，而且能保持长久。设计布置时要根据室内结构，建筑装修和室内配套器物的水平，选配合乎经济水平的档次和格调，使室内“软装修”与“硬装修”相协调。同时要根据室内环境特点及用途选择相应的室内观叶植物及装饰器物，使装饰效果能保持较长时间。

二、室内绿化的类型

观赏植物应用于室内绿化装饰有多种类型，通常使用的有盆花、组合盆栽、插花、盆景的陈设、垂吊、壁饰、植屏、攀缘及水族箱等。具体选用哪种装饰方法，在遵守室内绿化装饰基本原则的基础上，还应考虑每种装饰方法的特点与主人（客户）的爱好、建筑空间的功能及大小、墙体及家具的形状、质地、颜色等的协调性。如何因地制宜地选用合适的装饰方法进行室内绿化装饰，最大限度地满足主人（客户）的需求，是室内绿化景观设计师面临的关键问题。

（一）陈设

室内陈设是室内绿化装饰的主要方法之一，形式有盆花、插花等。

1. 盆花

（1）盆花布置的特点。盆花又称盆栽，即将花卉单株种植于盆中，是室内绿化装饰最普通、最基本的使用形式。盆花与露地栽植有所不同，第一，盆花是将植物种于容器中，便于移动、布置和更换，可以在短时间内营造不同需求的室内景观。近几年兴起的花卉租摆行业即利用盆花便于更换和撤换的特点在花卉业中独领风骚。第二，盆花种类繁多，形式多样，可以利用盆栽植物在植株大小、姿态、花型、叶型、果型、花色、叶色、花期等不同方面进行室内绿化装饰，以形成变化多样的室内景观。第三，由于盆栽花卉的原产地不同，形成的生态习性和生物学习性也有很大差异。对于环境条件差异较大的空间，均可选择相应的室内盆栽花卉进行绿化装饰。做到适地摆花、适时赏花，比如变叶木、印度橡皮树、红桑、朱蕉等喜光植物适合摆放于阳台、窗台、门厅等光线较充足地方，绿萝、冷水花、合果芋、龟背竹等耐阴植物适合摆放于厨房、走廊、卫生间等光线较弱的地方。第四，盆栽花卉花期长，不像插花那样切离母体，花序中的每一朵花均可开放，且不断有新的花枝抽生、萌发，尤其是现代温室的不断普及，使得任何一个地区均可四季有花。因此在进行室内绿化装饰时，根据室内空间特点、场合特点及营造氛围的不同，可以利用盆花花期、果期不同的特点进行绿化装饰，以创造四季有景、花开常年的室内景观。第五，有些盆栽花卉有多种栽培形式，而不同的栽培形式，营造的景观特点也有很大差异，在不同区域可摆放相应栽培形式的同一种花卉，如海芋有高大的直立型盆栽、丛生的小盆栽、水培植物瓶栽、造型盆景等。

(2) 盆花的造型及其装饰性。盆花的造型就是通过合理的修剪与整形等园艺手段，培养出具有理想的干形或主、侧枝的造型盆花，使株形紧凑、匀称、圆满、牢固，不仅可欣赏盆花的自然美，而且可欣赏其艺术加工之美。具有一定造型的盆花不仅提高了本身的观赏价值，还加强了它的装饰效果，是盆花在室内绿化装饰中应用并发展的方向。

2. 插花

一件成功的插花作品，并不是一定要选用名贵的花材、高价的花器。一般看来并不起眼的绿叶，一个花蕾，甚至路边的野花野草，常见的水果、蔬菜，都能插出一件令人赏心悦目的优秀作品来。使观赏者在心灵上产生共鸣是创作者唯一的目的。如果不能产生共鸣，那么这件作品也就失去了观赏价值。

(1) 艺术插花的材料与工具。

①植物材料是艺术插花的基本材料。什么是插花？选择园林花卉的某些花卉或者带果、带叶的枝条，从植株上取下来，并经适当裁截，依照一定画理，将其插在花瓶或水盆中进行水养。这是一种简便易行的养花方式，称作瓶花或插花。

花卉种类繁多，从观赏性上说，主要可分为观花、观枝、观叶、观果四类。插花材料的选择同样也可按花卉的这些观赏性质反映出来。以花朵供观赏的花卉是观花类。观花花卉需要花朵具有一定的欣赏价值，或有鲜艳的色彩，或具备优美的形态，或散发出诱人的芳香，如牡丹，花朵硕大，色彩鲜美，品种繁多，以花美而闻名天下；兰花幽香扑鼻，俊逸雅致；而月季、菊花、杜鹃、梅花、海棠和山茶等，各具特色，都为人们所熟悉和喜爱，是插花的主要花材。此外，茉莉花、梅花、桂花、水仙花、玫瑰花等，带有奇异的香甜气味，也是上好的插花材料。观赏花中，若有花期长、不易凋谢的花材则更为可取。

以枝茎供观赏的花卉是观枝类。如红瑞木、佛肚竹、紫藤、猕猴桃、柳和桑树等枝茎，线条流畅，曲折变化，韵味无穷。有一些植物还能通过表面处理改变原貌，达到插花的装饰效果。例如，黄杨、紫藤等都可作去皮和漂白甚至染色处理，形成优美的曲线造型。有了好的枝条造型，插花作品就有了如意的骨架和施展的余地，并留给人们无限的遐想和回味。

以叶供观赏的花卉是观叶类。例如，松柏、万年青、文竹、八角金盘、凤梨、变叶木等，形态优美，苍翠碧绿，风韵清雅，看叶胜看花。更有一些植物，如枫树、花叶芋、雁来红等，本身具有鲜艳的色彩和特殊的形态，令人陶醉。在插花中，叶的造型和色彩配合得体，只要少许几枝花就行了，甚至有些单用叶的插花，叶在表现自己的同时，还能陪衬花朵。

以果实供观赏的花卉是观果类，用累累的果实插花，给人以丰盛昌硕的美感。例如，江南常见的南天竹，在浓绿的叶丛中悬挂着鲜红的果穗。还有一些花卉，如佛手、朝天椒、火棘和冬珊瑚等，都是观果佳品，果实插花能养较长的时间，而且有些果实在成熟的过程中，会有色彩的变化。

此外，还有一些植物材料，虽非上述四类，但仍具有一定的观赏价值，如以芽供观赏的银柳，以根供观赏的狼尾草等，都能用于插花。

巧用花材，以花传神。各种植物因抗御自然环境变化之能力上的差异，在人们的观念中留下了不同的形态特征。例如，松，刚强高洁；梅，坚贞孤傲；竹，刚直清高；菊，傲寒凌霜；荷，清白无染等。在配置植物材料时，须考虑其特性上的协调，植物不同的特性，为人们在艺术插花中借物寓意或托物抒怀提供了凭借。例如，松、竹、梅岁寒三友于一盆，讴歌刚正不阿、洁身自好的人生态度。幽兰一丛，表示洁身自好；劲松一枝，表示坚贞不屈，等等。总之，很多花木的特性已被人格化。因此，只有巧用各植物的性格特征，才能在配置中更好地表现作品的主题。

熟悉习性，表现四季各种植物由于生态环境的差异，形成了不同的习性。松喜干旱，芋喜湿润，荷在水中，芭蕉需温暖，梅花耐寒冷。一般来讲，旱生植物与旱生植物相配，和谐自然；水生植物与水生植物相配，适宜得体。各种花木开花的时节，是季节更换的鲜明标志，把季节特征明显的花木配在一起，可加重对作品季节意境的渲染。

②花材的选择。首先，花枝切口要新鲜，其主要特征是切口无异常色彩，无黏液无霉状物。其次，叶片挺拔、翠绿，有光泽；叶片无滑腻感，无臭味，浸入水中的叶片部分无颜色变化，顶芽饱满。另外，花朵、花穗要挺拔水灵，花瓣稳定牢固，花朵的外围1/3花瓣开裂或花序下部花朵初开，而中心或上部的花朵含苞待放。但对于一些大花类、吸水困难的花枝可适当选购开放程度较深的，如牡丹要选用初开或接近盛开的。对于一些纤细柔软的草本花材，应选购那些无软垂、倾倒、扭曲和色彩光泽较好的材料。

③容器。是指放置、插入植物材料的器皿。作用是承受花枝，供给水分，衬托花卉。插花容器种类很多，有陶、瓷、竹、木、藤、景泰蓝、漆、玻璃和塑料等。用陶瓷制成的插花器皿，工艺精良，色彩丰富，品种繁多，美观实用，能体现中国的传统特色，深受人们的喜爱。竹、藤和柳条编制的器皿，亦受插花爱好者的欢迎。这些器皿易于加工，乡土气息浓郁，其简洁的形式，与花相配，须放入小水盆、花插或花泥，以便盛水和固定花枝。木制器具朴实无华，用来插花，情趣盎然，若是能采摘山花野卉插于木器之中，田园气息更浓，此是木器插花的独到之处。用于插花的木器，可以是生活中的提桶、盒盘等。用玻璃器皿插花已成为现代家庭的时尚，结婚新房里更受青睐。玻璃器皿由于颜色娇艳，质感强烈，挑选时要注意在色泽与造型上与自己经常插用的花卉互相协调。

(2) 艺术插花的基本技法。

技法一：艺术插花的基本技法。

1) 选枝、修枝和弯枝。

①选枝。这是插花的前奏：枝条、叶片须健壮，未受过病虫影响，花朵以含苞欲放的为好，不宜选择已经萎蔫的。

②修枝。许多植物材料的枝条是规则形与平展的，须经过裁剪加工，使之成为自然弯曲的枝条。经过修剪后的枝条，若其弯曲度仍不尽如人意，则可进行人工弯曲。

③弯枝。一般弯法为，用双手拿着枝条，手臂贴着身体，两大拇指压着需要弯曲的部位，慢慢地用力向下弯曲。具体弯法又有以下数种：切割、扎缚、揉弯、掀弯、卷弯、勾弯。

技法二：植物材料的固定。

盆插的固定：

①剑山固定。插直立枝条时，须将枝条基部剪平，以利固定，若枝条过于粗硬。可将植物基部剪开再插入固定。若枝条过于纤细，可在基部捆缚附枝或套插在其他疏松的短茎上插入固定。

花泥固定。只要将植物材料按所需角度倾斜，直接插在花泥上即可固定。

②瓶插的固定：

自然固定。将枝条交叉插入花瓶，将枝条依靠瓶口、瓶壁、瓶底的支撑，使枝条互相交叉固定。

间隔固定。在花瓶口用枝条横向支撑，枝条结构有一字形、十字形、井字形、丫字形等。

丁字形固定。将枝条基部剪开，夹入横枝或丁字形枝条，再插入花瓶固定。

添枝固定。添加一条废枯条，在上端剪开，再把要插的枝和基部剪开，互相夹插投入瓶内固定。

折曲固定。把枝条基部折曲，利用它的还原反弹作用，撑压花瓶内壁，加以固定。

花泥填塞。在瓶口填塞花泥将枝条插于花泥上。

铅丝网固定。在瓶内安置铅丝网，将枝条插于网的空格中。

技法三：色彩的运用。

不同的色彩，能引起人们不同的情绪和心理反应。冷色调：蓝、紫、青色，使人联想到天空、海洋，感受到宁静、凉爽、深远，称为冷色调。

正确地运用不同颜色的花朵和背景，会使插花产生更加理想的艺术效果。红与绿、黄与紫、蓝与橙这几组对比色放在一起，能互相增强彩度，给人强烈的印象。一般采用色彩的明暗，或花朵的大小和多少来取得调和。例如，蓝色的鸢尾和黄色萱草，从花朵形态上来看很协调，但蓝、黄两色对比过强，这时可适当减少鸢尾或萱草花朵的数量，或者插入一些白色小花，整体色彩便协调了。

例如，在宽敞的空间摆设的插花，应放置放射状插花较好，放射状插花是从中心成放射状展开的大型花艺造型，适于聚会会场和饭店门厅等大场合的豪华装饰，分外引人注目。放射状插花用于庆祝女孩节（3月3日）、桃花节，花材可用桃花、油菜花、鸢尾；用于升学庆典，花材可用珍珠绣线菊、郁金香等；庆祝儿童节，花材可用花菖浦、石竹、芍药等。

（二）垂吊

一幅完整的垂吊作品是由吊具、基质、垂吊花卉及吊挂位置四部分构成，使其融为一体，才能显示出整体的艺术美。

1. 吊具

（1）吊篮（盆）。应选择质地轻巧、透气性好、牢固耐腐、外表美观的吊盆。目前市场上可供垂吊用的盆种类繁多，常见的有塑料盆、藤制盆、竹编盆、果壳盆及金属丝做成的篮筐等。

①塑料篮：是市场常见的用来淘米、洗菜用的穿孔篮子，有各种各样的颜色，轻巧美观。使用时，先于篮底垫一层棕皮或椰树纤维，然后加入基质，种植植物，再用吊绳吊挂起来。也可在篮里放置一个不透水的塑料盆，然后在盆内种植垂吊植物，以免浇水时有多余的水分流出。

②铅丝吊篮：是用几种粗细的铅丝编制而成，重量轻而载重大，形状和大小可根据要求设定。为避免滴水，底部可加一金属托盘，托盘用金属链挂吊。为防止铅丝氧化或水湿锈蚀，常用包塑胶的铅丝。

③绳制吊篮：利用棉绳或麻绳编织而成，底部较宽，用以衬托盆栽花卉。绳制吊篮价格便宜，素雅美观，较受一般家庭欢迎，但是绳制品不耐水湿，不能持久。

在垂吊花卉养护过程中，为了不让多余的水分从盆底的孔中滴落下来，需在吊盆的盆底安装一个大小适宜的贮水盆，并且有贮水盆的吊盆还能较好地保持盆土湿润，减少浇水次数。随着园艺的发展，这种贮水盆应成为吊盆的一部分，这项技术在室外的垂直空间中已经有所应用。

（2）吊绳。为减轻垂吊盆栽的整体重量，吊绳一定要选用质地轻且坚韧的材料。目前常用塑料吊绳、金属链、尼龙绳、麻绳等。无论选择哪一种吊绳，都要考虑它的承重能力，以便能延长观赏时间。吊绳还要与盆具及植物在大小、质地、色彩、形态上相协调。

2. 基质

一方面，垂吊花卉悬挂于空中或壁面上，为了减轻支点的负荷，所用培养土必须轻盈。另一方面，垂吊花卉悬于空中，易受风吹袭，盆土易干燥，因此，栽培基质除具有固定植株根系、支撑植株、提供植物所需营养等多种功能外，还需具备轻质疏松、透气保肥、排水良好、营养丰富等特点。常见的基质有苔藓、蛭石、锯末屑、树皮、蚯蚓土、珍珠岩、泥炭土等。通常用两种或两种以上的基质按一定比例混合配置，可以弥补用单一基质产生的缺陷。如蛭石 40% + 蚯蚓土 40% + 锯末 20%，或蛭石 40% + 锯末 40% + 蚯蚓土 20%，可得到疏松通气、保肥性能好的混合基质；如泥炭与珍珠岩以 2 : 1 混合，可得通气良好、排水、持肥中等的基质；如泥炭与河沙以 3 : 1 混合，能得到重量与通气性中等、排水持肥力良好的基质；如将泥炭与锯末屑以 1 : 1 混合，将得到分量轻且通气、排水、持肥均良好的优质基质。应根据栽植花卉的生物学特点来选择一种或几种基质加以调配。

此外，还可用腐叶土、松针土、岩棉、陶粒、刨花、甘蔗渣、稻壳、砻糠灰、椰糠、棉籽壳等材料来配置人工基质。

3. 垂吊花卉

垂吊花卉常放置于居室的立面，位于人的视点以上，以仰视观赏为主，因此，选择的植物以枝叶下垂的藤本植物或叶形小、向下开花、色彩变化协调的花木为好，如长春花、吊兰、常春藤、旱金莲、樱草、小番茄、草莓、倒挂金钟、蟹爪兰、鸭跖草、大花马齿苋等。有些枝茎细软、花色艳丽、花期长、直立生长的花卉植物也可作垂吊观赏，如矮牵牛、四季海棠、孔雀草、三色堇等。可利用这些花卉生长迅速、枝叶茂密的特点制作花球，再配上造型优美、色彩协调的吊具，具较高的观赏性。

垂吊花卉有不同的观赏部位，有的观叶，如吊兰、常春藤、竹芋类、椒草类、虎耳草、绿铃、黄金葛等；有的观花，如藤本天竺葵、捕蝇草、金鱼藤、袋鼠花、球根秋海棠等；有的观果，如小番茄、草莓、五色椒等；利用不同种类、不同观赏特性的垂吊花卉装饰室内，可以营造四季不同景观，如春季选择香雪球、美女樱、矮牵牛、旱金莲等，夏季选择盛开的天竺葵、八仙花、马齿苋、长春花、海棠花等；秋季选择孔雀草、万寿菊、彩叶草、藿香蓟等可将室内装扮得五彩缤纷、艳丽脱俗，让人们产生回归自然的感觉。

(三) 水培花卉

水培花卉是一种全新的高科技花卉产品。和普通的盆栽相比具有以下鲜明特点。①观赏性强，实现了花鱼共养，水培花卉不仅可以像普通花卉那样观花、观叶，还可以观根、赏鱼，上面鲜花绿叶，下面花根飘舞，水中鱼儿畅游，立体种植，产品新奇。②便于组合，具有较丰富的文化内涵，各种水培花卉可像鲜切花一样随意组合在一起，且能长期生长，实现活体插花，形成精美的艺术品，如某两种或多种花组合在一起，取名龙凤呈祥、比翼双飞、二龙戏珠等，还可以将不同花期的花卉组合在一起，形成四季盆景，寓意生意常年红火，买卖四季兴隆。③清洁卫生、易于环保、便于出口，水培花卉生长在清澈透明的水中，没有泥土，不施传统化学肥料，因此不会滋生病毒、细菌、蚊虫等，更无异味，可广泛用于企业、宾馆、酒楼、机关、医院、商店、家庭等各种场所。另外，在国际花卉交易中，为防止细菌、病毒的传播，花卉不许带泥土，水培花卉在这方面具有得天独厚的优势。④操作简单，养护方便。种植水培花卉特别简单，养护尤其方便，半个月、一个月换一次水，加几滴营养液，对于单位、家庭养花者来说特别省心。⑤能够调节室内小气候，居室内摆放水培花卉，可以增加室内空气湿度，有利于人体健康。

1. 水培花卉的技术要求

从植物生长过程的周期来看，水培花卉技术有两个技术阶段需要引起重视；一是幼苗的培育阶段，即水繁工序的进行；二是植物成品的护理阶段，即用户进行个人操作的水培工序。通过以上两个阶段的工作，遵循正确的栽培规则并留意养殖过程中应注意的问题，我们就可以看到漂亮、清洁、高雅、健康的水培花卉走进千家万户了。

(1) 水繁培植苗床的建立及方法。水繁的苗床必须不漏水，多用混凝土做成或用砖作沿砌成用薄膜铺上即可，宽 1.2 ~ 1.5 m，长度视规模而定，最好建成阶梯式的苗床，有利于水的流动，增加水中氧气含量，在床底铺设给水加温的电热线，使水温稳定在 21 ~ 25℃的最佳生根温度。水繁一年四季都可进行，水温通过控制仪器控制在 25℃左右，过高或过低对生根都不利。水繁时植物苗木应浅插，水或营养液在床中 5 ~ 8 cm，但为了使植物苗木保持稳定，可在底部放入洁净的沙，这种方法也可叫作沙水繁，或在苯乙烯泡沫塑料板上钻孔，或在水面上架设网格皆可。将植物苗木插在板上，放入水中，在生根过程中每天用水泵定时抽水循环，以保持水中氧气充足。

(2) 水繁育苗常用营养液的配制。水繁以水作为介质，介质不含植物生长所需的营养元素，因此必须配制必要营养液。供植物生根，移植前幼苗生长所需，对不同植物营养液配方的选择是水繁成功的关键。

(3) 水培技术与花卉品种。一般可进行水培的有龟背竹、米兰、君子兰、茶花、月季、茉莉、杜鹃、金梧、万年青、紫罗兰、蝴蝶兰、倒挂金钟、五针松、喜树蕉、橡胶榕、巴西铁、秋海棠类、蕨类植物、棕榈科植物等。还有各种观叶植物，如天南星科的丛生春芋、银包芋、火鹤花、广东吊兰、银边万年青；景天种类的莲花掌、芙蓉掌及其他类的君子兰、兜兰、蟹爪兰、富贵竹、吊凤梨、银叶菊、巴西木、常春藤、彩叶草等百余种。

2. 水培花卉所需的生态条件

(1) 水培花卉对温度的要求。水培花卉只是改变了花卉栽培的一种方式，并没有改变花卉的生长习性，也不可能改变它们的习性。静止水培所采用的观叶花卉植物，原产地大多在拉美雨林，或热带高温、高湿、荫蔽的沟谷地带，属不耐寒性花卉植物。一般气温降至 10℃以下，有些品种就会发生冻害，叶边焦枯、老叶发黄、垂萎脱落。在静止水培条件下，同样也会有这种现象发生。有些花卉耐寒性较强，如常春藤、蔓长春、仙人笔等。在 5℃至 7℃温度条件下生长正常。气温在 30℃以上，有的花卉叶子失去光泽，生长呆滞，叶缘有烧焦状褐斑，表现出不耐高温的休眠状态，如竹节海棠、四季秋海棠、彩叶草等。30%以上高温静止水培常见烂根，当然这点还与营养液中溶解氧随着温度升高而降低有关系。将温度控制在 15℃至 28℃，适宜静止水培的各种花卉。另外，了解每一种花卉生长所需要的温度，在静止水培时为其创造一个适宜生长的温度条件，也是十分重要的。

(2) 水培花卉需要的光照。静止水培多选用较为耐阴、喜阴的观叶花卉和少量观花花卉。这种花卉的特点是在生长期不需要较强的直射光，有的花卉品种在较荫蔽的环境下生长良好，一般摆放在室内、客厅、办公室，只要有门窗透进的散射光及室内的灯光照射，完全可以满足其对光照的需求。若是光线太弱，花卉的叶子不能进行正常的光合作用，不能积累足够的营养，生长不良，有些色叶花卉，如彩叶草、变叶木等在光线较弱的环境，会失去叶面的色彩，变得暗淡无光。这类花卉只有在光照较为充足，又不被强光直射的环境下，才能保持叶色光彩。

植物生长有趋光性，摆放花卉的朝向，应定时转动。这项工作可结合清洗器皿，更换营养液的时候合并完成，将根系清洗后的花卉相对原来的朝向转动180度莳养，就能使花卉不会偏向一侧生长，顶梢始终挺拔向上。

第二节　室内绿化材料的选择

一、根据室内建筑及装饰风格选择

从建筑风格衍生出多种室内设计风格，室内绿化装饰从属于室内建筑及装饰风格，室内绿化装饰植物材料的选择应考虑室内建筑及装饰风格。

(一) 中国传统风格

中国传统的建筑装饰风格崇尚庄重和优雅。中国传统木构架构筑室内藻井、天棚、屏风、隔扇等装饰，整个室内色彩选用比较凝重的紫红色系为主，墙面的软装饰有手工织物、中国山水挂画、书法作品、对联等；沙发采用明清时的古典式，其沙发布、靠垫用绸、缎、丝、麻等作材料，表面用刺绣或印花图案作装饰，比如绣上“福”“禄”“寿”“喜”等字样，或者是龙凤呈祥之类的吉祥图案，既热烈、浓艳，又含蓄、典雅。书房里摆上毛笔架和砚台，能起到强化其风格的作用。在居家、宾馆或酒店等场所经常有这样的装饰风格，其绿化装饰多采用对称式摆放盆栽观叶花卉，或在几架、案头上摆放中式插花，或摆放与周围环境相协调的盆景；若是在大厅，也可配合字画对称摆放高大的观叶植物。

(二) 乡村风格

乡村风格最大的特点是以天然材料作为室内装饰布置的主要内容，简朴而充满乡村气息，尊重民间的传统习惯、风土人情，崇尚返璞归真、回归自然，保持民间特色，摒弃人造材料的制品，把木材、砖石、草藤、棉布等天然材料运用于室内设计中，注意运用地方建筑材料，以当地的传说故事等作为装饰主题，在室内环境中力求表现悠闲、舒畅的田园生活情趣，创造自然、质朴、高雅的空间气氛，如中国江南水乡、沿海地区的渔村、云南傣族的竹楼、黄河沿岸的窑洞、内蒙古草原的蒙古包、现代公园游憩的小屋等。例如，上海锦江饭店北楼的四川餐厅有一组乡村的布置，如“杜甫草堂”“东坡亭”“卧龙村”“天然阁”“宝瓶口”等。这种风格的室内绿化装饰可以任意用绿色的观叶花卉来填空，也可在白墙上挂几个风筝、挂盘、挂瓶、红辣椒、玉米棒等具乡土气息的装饰物；以朴素的、自然的干燥花或干燥蔬菜等装饰物去装点细节，造成一种朴素、原始之感。比如“天然阁”室内装饰的主要材料是竹，用竹搭成的屋檐下悬挂着四川红辣椒、大蒜、泡菜坛等，可谓别具匠心。如果这些特点的建筑设在旅游风景区或环境较好的地方，不需要采用昂贵的花卉布置，用开窗迎接自然风景的方式，将室外风景纳入室内即可。

(三) 欧美现代风格

欧美现代风格也就是我们所经常说的浅欧式风格、西洋现代风格，简单、抽象、明快是其明显特点。欧美现代风格多采用现代感很强的组合家具，家具布置与空间密切配合，主张废弃多余的、烦琐的附加装饰，颜色选用白色或流行色，室内色彩不多，一般不超过三种颜色，且色彩以块状为主。窗帘、地毯和床罩的选择比较素雅，纹样多采用二方连续或四方连续且简单抽象，灯光以暖色调为主。这样的建筑风格进行室内绿化装饰时可以任意用绿色的观叶花卉来填空，在空间大小允许的条件下，尽可能选用大叶型、枝叶飘逸的株型，花、叶的色彩只要与室内基础色调一致即可。比如在沙发的两侧或拐角处，可摆放直立型中型观叶植物；若用观花植物，可用几架调整高度；在空间焦点或视觉焦点处可摆放色彩鲜艳的花卉或西方式插花。花盆的造型、色彩和纹路可选用与室内建筑风格相一致的套盆。

(四) 西洋古典风格

也称欧式风格。这种风格的特点是华丽、高雅，给人一种金碧辉煌的感受。最典型的古典风格是指16～17世纪文艺复兴运动开始，到17世纪后半叶至18世纪时期室内设计样式，以室内的纵向装饰线条为主，包括桌腿、椅背等处采用轻柔幽雅并带有古典风格的花式纹路、豪华的花卉古典图案、著名的波斯纹样，多重皱的罗马窗帘和格调高雅的烛台、油画等，以及具有一定艺术造型的水晶灯等装饰物都能完美呈现其风格，空间环境多表现出华美、富丽、浪漫的气氛。这样的建筑风格进行室内绿化装饰时，可以选择枝叶飘逸的大体量绿色观叶植物加以装饰，比如沙发两侧或角落，摆放直立型观叶植物；在房间的焦点位置或视觉的焦点处摆放小体量的、色彩艳丽的、大花朵的盆栽花卉或西方式插花等，来烘托室内豪华的建筑和华丽、高雅的环境氛围。

(五) 混合型风格

混合型风格也叫中西结合式风格。随着中西文化的交流，室内建筑设计在总体上呈现多元化、兼容并蓄的趋势。室内布置中也有既趋于现代实用，又吸取传统的特征，在装潢与陈设中融古今中西于一体，如传统的屏风、摆设和茶几，配以现代风格的墙面及门窗、新型的沙发；欧式古典的琉璃灯具和壁面装饰，配以东方传统的家具和埃及的陈设、小品，等等。混合型风格进行室内绿化装饰时同样要与空间大小、色彩等达到和谐，比如，屏风、博古架等中式元素的绿化装饰可以采用中式方法装饰，如东方式插花、小盆景、中国兰花或具有兰花株型造型的其他花卉，在沙发的两侧选择大小与之相协调的直立型花卉，也可采用几架的方式摆放精美的盆花，中心茶几或角落茶几可以摆放观赏性较强的盆花或现代自由式插花来进行装饰。

二、根据室内的生态条件选择

温度：我国南北方住宅温度条件不同。长江流域以南，长江中下游一带，夏季炎热，室内温度高达30℃以上，有时持续高温，对有些植物不利，如仙客来、球根海棠等怕高温的植物。冬季，黄河以北在住宅内有采暖设备，有的温度达不到15℃，甚至低于10℃以下，南方居住室内无采暖设备，温度较低，这对于原产热带和亚热带的观赏植物不适宜。人体感觉最适宜的温度为15～25℃，也是植物生长的最佳温度范围，选择合适的植物种类与品种，是室内绿化成功与否的关键。

光照：室内一般是封闭式的空间，光照条件较陆地差。选择植物最好是以长时间耐隐蔽的阴生观叶植物或半阴生植物为主，在漫射光线下，它们也能生长，并不损害观赏价值。当住宅有较大面积南窗时，离窗0.5~0.8 m的位置，阳光充足，可选放喜光照的植物，如天门冬、蔓竹、叶子花、扶桑、鸭跖草、仙人掌类和兰类植物。当住宅东窗附近以及南窗的80 cm以外的位置有一部分直射光，光照条件较好时，这些地方适合观叶植物的生长。夏季直射光太强要适当遮光，在这种光照条件下，吊兰、朱蕉、榕树、棕竹、观赏辣椒、鸭跖草等都可以良好地生长。当住宅南窗的1.5～2.5 m周围，有光照但无折射光线时，不宜栽培观花植物，而是选用一些耐阴的观叶植物，如文竹、龟背竹、绿萝、黄金葛、观叶海棠、鹅掌柴、冷水花、豆瓣绿灯植物等。在无直射光的窗户或离直射光较远的住址，可选用耐阴性强的植物，如蜘蛛抱蛋、八角金盘、蕨类、榕树、白网纹草、竹芋类等。在远离窗户的阴暗处，只能用最耐阴的观叶植物，如万年青、蕨类、虎尾兰等，但过一定时间后，也需要更换位置。

空气湿度：这个因素对亚热带和热带观叶植物影响较大。尤其在北方地区干旱多风的季节，或在冬季室内取暖季节，室内湿度较低，对于要求空气湿度较高的观叶植物应慎用。

三、根据室内空间的大小选择

室内空间的大小决定了室内所选植物的大小、形态、色彩。一般来说，空间较大、较旷的室内，应选择体积大、叶多而茂的直立型植物，如南洋杉、散尾葵、龟背竹、垂榕、巴西木、马拉巴栗、橡皮树、苏铁、滴水观音等。藤蔓植物，如绿萝、喜林芋类、蔓绿绒类、鹅掌柴、合果芋等用于中间加棕柱的直立型栽培形式，适于空间有高度无宽度的角落或拐角。根据环境条件，也可选用观赏性较强的花卉摆放在几架上。特别是在中式建筑风格的室内，空间较小时，则可以选用小巧而精致的盆栽植物，如文竹、富贵竹、吊兰、肾蕨及一些株型较小的莲座型植物和多肉圆球形植物等。对于空间特别大的中庭，可用布景法，再在高处配以悬垂植物，如常春藤、蔓长春、绿萝、吊兰、鸭趾草、虎耳草等，既可在对大空间进行装饰的同时，又可使整个空间得到协调统一。

第三节　室内绿化设计的主要方法

室内绿化装饰设计的基本原则都是利用美学的原理，使绿化与室内环境相协调，形成一个统一的整体来满足房间功能和人们的需要，具体地说，室内绿化装饰应从以下几个方面来考虑。

一、内容和形式协调统一

室内绿化装饰首先应做到与环境相协调、和谐。建筑的形式、整个室内的情调、风格、家具的式样以及地面、墙壁等诸因素都影响到室内进行绿化装饰的内容和形式。

与建筑风格的统一：在古色古香的大厅。用苍劲的松柏盆栽或盆景来装饰就显得和谐统一。宽敞明亮、建有水池的大厅，则可用椰枣、榕树和铁树等装饰，创造一种南国风情气氛。宏伟的大厅要用高大挺拔的大型植物如南洋杉、芭蕉等衬托，显得气度雄伟。如大厅内建有江南风格的园林，配置几丛翠竹，就会显得灵秀清雅，有超凡脱俗感。

与季节、节日的协调：在夏季可以放置使人感到清凉的品种，如冷水花、亮白花叶草即白网纹菜等，在喜庆的节日里，应摆些鲜艳的花卉，如桃花、蜡梅、碧桃、小苍兰、瓜叶菊、仙客来等。

与空间的大小相适应：在选材时，首先要根据空间的大小，选择体量、高度适宜的植物，一般的原则是面积较大的空间选择体量较大、叶片较大的植物，如龟背竹、滴水莲、马蹄莲、大花君子兰、苏铁、斑叶万年青等花卉；当房间举架高时可选择有一定高度的植物，如巴西木、发财树、橡皮树、白玉兰等，也可以布置一些悬挂植物于高处进行美化，或布置攀缘植物，如常春藤、文竹、天门冬、吊兰、鸭跖草、虎耳草等。同样道理，在较小的空间理应选择体型较小巧的植物，如肾蕨、红宝石、孔雀竹芋等。

与色彩相协调：利用植物叶、花、果的不同色彩特点进行美化居室是室内绿化美化的组成重要部分，而在布置时要与家具和其他的装饰材料、装饰物的色彩进行协调配合，形成既有对比又有调和的统一体。只有对比而没有调和显得生硬、刺激；只有调和而没有对比则缺乏生气和活力。

室内绿化布置时，要考虑到植物色彩与周围环境色彩的对比与调和，同时也要考虑到色彩与人、与环境功能的关系。如在卧室放上一盆花色蛋黄又有幽香的米兰，则较为适合。

在植物色彩与环境色彩相搭配时，应该是用植物色彩去适应环境色彩，因为植物可以调整变化，而环境色彩一般来说是一成不变的，所以应把握住这一点。如果在环境色彩较丰富时，植物色彩要力求单纯，而环境色彩较单一时，可以适当地用丰富的植物色彩加以补充。在室内光线较明快时，植物色彩可以暗一些，而光线不足时，应用一些色彩较淡的植物来布置。

(一) 布置位置要合目的

不同的房间应采用不同的布置方法。如厅室、卧室、厨房、卫生间等就一定要不同，无论从材料选择和布置方法上均应有特点，而且同一房间的不同位置也不同，如直接放置于地面上的应用有体量、有高度、花大、叶大的大篮等；置于几案、台架上的应用小盆花、插花、干花或盆景或垂吊植物；置于墙壁上的应用垂吊或攀缘植物和插花。总之，不同的位置应选用适当的材料和布置方法。

此外，室内绿化除了装饰美化作用外，还有组织空间或遮挡作用，此时应选用较大的盆花、花架、屏风或用悬垂植物、攀缘植物制成的屏风或软帘来布置效果较好。

(二) 绿色植物配置要符合植物特点

每一种植物都有其各自的生态习性和栽培特点，突出地表现在对光的要求、对水肥的要求、对温度的要求、对湿度的要求、修剪的要求和休眠期的管理各有不同，所以我们要根据各自的特点来加以应用和管理。

根据植物对光的要求不同可分为阳性植物、阴性植物和半阴性植物。阳性植物需要强光，如苏铁、南洋杉等，如果阳光不足，会造成枝叶徒长，组织肉嫩不充实，叶色变淡发黄，难于开花或开花不好，易遭受病虫害，所以应摆在室内光线较强的地方，如窗前或窗台上。半阴性植物需要弱光或散射光，宜在室内光线不强处摆放，如暗厅、卫生间、北阳台等处；阴性植物，不喜光、耐阴，可以布置在较阴暗、不见光处。

（三）室内绿化设计要符合居住者起居习惯

花卉有一定的寓意，选择时可与主人的性格特点相适应。借花咏志、寄情与花。如把兰花置于案头或书桌之上，静雅芬芳的兰花体现出主人高雅、脱俗的气质。把象征刚直、坚韧的竹子放在厅内，则体现出主人刚直不阿、不屈不挠的性格，同时也体现出主人谦虚谨慎的作风。对那些生活无一定规律、随机性较强的人，即不能有规律地管理花卉的人，要选择那些仙人掌科、大戟科等多浆植物。

二、以造园原则为绿化设计前提

在一个大面积的空间内，使绿化装饰得恰到好处，各种绿化装饰材料能充分发挥其形、姿、色的特点，收到最佳的观赏效果，则必须应用园林设计中的基本原则进行安排。这些原则就是前面介绍过的统一与变化、规则式和自然式。

（1）每一种室内空间的植物，都要有一个相对统一的格调。具有热带情调的植物，如棕榈、鱼尾葵等，可以和花叶芋、非洲紫罗兰等配合在一起。

（2）一般每个房间布置 3 ~ 4 种植物即可，悬挂植物只能有 1 ~ 2 种。

（3）基调用的植物也只能用 1 ~ 2 种，如绿萝、一叶兰等。除用一般植物作基调外，还适宜选用有较高观赏价值的植物，如南洋杉、鱼尾葵等，也可用色彩鲜艳的叶子花或叶美的千年木等。

（4）摆放植物较多的房间，要考虑主次、疏密的关系，不能等距离摆放。

（5）常规的室内绿化装饰的布局主要是以花卉为主，采用规则式，即前面低，后面高，中间高，两边低。有的在大厅中央对称放成几何图形，这种形式常用于比较盛大的和正规的场合，如会议大厅、展厅等。

近来，一些自然式的不规则布局，尤其是在现代高级宾馆采用，效果很好。

下篇　平面设计艺术

在现代艺术设计教育中，平面设计教学已成为重要的设计基础课程之一。这是因为，平面设计不仅成为当今设计构成学的重要组成部分，而且它所研究和训练的内容包含着我们今后走向各种带有目的性设计的共通的美学原则。

平面设计、色彩设计、立体设计和展示设计这四大设计已为现代设计教学奠定了一个纯粹的设计基础体系。在这个体系中，它们融为一体，一并纳入现代设计形态构成学的范畴。尤其是平面设计的表现领域，它以二维（二次元）为其展开的研究空间，所涉及的形态在美学上的构成规律也是现代各种应用设计在视觉上所表现出来的最基本的艺术规律。因此，平面设计具有现代设计的基础特性。本篇就对平面设计艺术进行论述。

第七章 平面设计艺术概述

平面设计概念是现代意义上的设计，是文化艺术行为与商业行为相互融合、通过大规模机械化和现代科技生产的二维视觉传达形象的设计。平面设计属视觉艺术传播学科的范畴，有别于视觉传达中所含的电影、电视、多媒体等传播媒体传达的视觉设计，或其他广泛意义上的二维视觉设计。这里讲的平面设计，是以平面材料为载体，以视觉为传达方式，通过印刷、喷绘等手段形成完整的平面视觉传达媒体，向大众传播信息的一种造型设计活动。本章就平面设计的基本理论进行论述。

第一节 平面设计艺术的概念和原则

一、设计内涵

中文中的“设计”一词与英文中的“Design”一词相对应，应用非常广泛。1974年的《大不列颠百科全书》对“Design”的解释是：“指进行某种创造时计划、方案的展开过程，即头脑中的构思”。

中文的“设计”一词中，“设”和“计”均有其独立的含义。在中文中“设”有“设立、布置，安排、筹划，假设、假使”等含义；“计”有“计算，仪器，主意、策略，打算”等含义。

“设计”作为一个词出现的情况也比较多，比如说：设计陷害、设计一个实验、总设计师、计算机辅助设计、设计方案、设计图纸等。

归纳起来，中文的“设计”有动脑筋、想办法、找窍门、安排、计划、制定方案等含义。

值得一提的是，有的文献中认为“设计一词来源于英文‘Design’”，这种说法欠妥。因为它既不是音译，也不是意译后新造的词，中文中原本就有“设计”一词，而非来源于什么英文的词。

在现代汉语词典中，对“设计”一词的解释为:“在正式做某项工作之前，根据一定的目的要求，预先制定方法、图样等”。

在本书中，我们对“设计”一词给出一个广义的定义：设计是一种有目的的创造性活动。它既可以指这种活动本身，此时它的词性是动词；同时，“设计”也可以指这种活动的结果，此时它的词性是名词。

(二)设计的外延

“设计”一词的外延非常广泛，不仅仅局限于某一领域。设计已广泛深入人类的知识体系中，尤其在应用学科中，设计是人为事物和活动的本质因素所在。而我们常说的艺术设计、工程设计、工业设计、平面设计、概念设计等都用到了“设计”一词，这里提到的“设计”都是针对特定领域的设计，是狭义的设计，必须要有前置的说明部分来限制其所指对象的性质和范围。

设计包括很广的范围和门类，如建筑设计、工业设计、产品设计、环境艺术设计、展示设计、服装设计、平面设计等。

而平面设计现在的名称在平常的表述中却很为难，因为现在学科之间的交叉更广更深。传统的定义，如现行的叫法“平面设计(Graphic Design)”“视觉传达设计”等，这也许与平面设计的特点有很大关系，因为设计无所不在。

二、平面设计

设计是一种有目的的创造性活动，平面设计是这种活动所要采取的形式之一。

平面设计就是以文字、符号、造型来捕捉美感，捕捉、表达意象，表达意念与企图，进而达到沟通与说服效果的一种设计活动。在平面设计中需要用视觉元素来传播设计者的设想和计划，用文字和图形把信息传达给受众，让人们通过这些视觉元素了解设计者的设想和计划。

平面设计是为现代商业服务的艺术，主要包括标志设计、广告设计、包装设计、店内外环境设计、企业形象设计等方面，由于这些设计都是通过视觉形象传达给消费者的，因此又称为“视觉传达设计”，它起着沟通企业一商品一消费者的桥梁的作用。视觉传达设计主要是以文字、图形、色彩为基本要素的艺术创作，在精神文化领域以其独特的艺术魅力影响着人们的感情和观念，在人们的日常生活中起着十分重要的作用。

从范围来讲，用来印刷的都和平面设计有关；从功能来讲，“对视觉通过人自身进行调节达到某种程度的行为”，称为视觉传达，即用视觉语言传递信息和表达观点。“视觉传达设计”“平面设计”两者所包含的设计范畴在现阶段并无大的差异，“视觉传达设计”“平面设计”在概念范畴上的区别与统一，并不存在着矛盾与对立。

在了解了对平面设计范围和内涵的情况下，我们再来看看平面设计的分类，如形象系统设计、字体设计、书籍装帧设计、包装设计、海报／招贴设计……可以这样说，有多少种需要就有多少种设计。动画设计是在二维环境中营造出三维的空间影像，这是一种视觉化、虚拟化的模拟，不占有实际的空间、不具备真实性，因此在某种程度上仍属于平面设计的范畴。同样地，在广告设计中的立体效果的设计也属于平面设计的范畴。

而对于包装设计、展示设计、室内装饰设计等，由于设计对象的立体性和设计媒介的空间性，决定了它们属于三维设计，但是大量的平面装饰出现在其表面，所以它们的设计往往是三维设计和平面设计的结合。

三、设计的本源

自古以来，人们一直寻找能够用视觉符号的方式表达思想感情的方法，

最初的平面设计深受意识形态的影响，其超大型风格因素是社会政治、经济、文化的缩影，代表着一种浓缩的时代精神。

平面设计的起源，可以说在人类思考之日起就拉开了帷幕。人类最初采用的是图画的方式，但是表达的意思毕竟有限，于是创作出了形象各异的符号，最终形成了文字。早期的画即是字，字即是画，即所谓的“书画同源”。文字的产生使平面上的基本元素得以完美组合，印刷的发展则为上述因素的组合提供了舞台。这意味着现代平面设计的真正开始。

四、平面设计的基本原则

平面设计原则指平面设计视觉表现的操作行为与过程中所遵循的基本艺术规律。它与设计美学的规律基本是一致的，但也有它的独特性。

(一) 平衡

所谓平衡，即是使画面各物体的大小或色彩等特征产生均衡感觉的一种构图质量，类似于天平上的物理总量的均衡。

1. 标准平衡

标准平衡的关键在于绝对对称，画面中两边的元素对称，视觉分量完全相等，这种构图给人一种高贵、稳重、保守的印象，同时，这种平衡也有单调、呆板的感觉。

2. 非标准平衡

在视觉上平衡的画面可以由各种不同形状、大小、色彩浓度，以及距光心（画面视点中心）不同距离的深色元素构成。像跷跷板一样，位于光心附近的厚重物体可以通过离光心较远的一个轻薄的物体来达到平衡。运用非标准平衡可以使设计作品更生动、更活泼、更刺激。

平衡画面起关键作用的是色彩均衡与形体的浓淡分量。

(二) 动态

动态：即整个画面重要构成要素（标题文字、图形、色块等）组成的形态。动态是引导受众视线的重要因素。人物或动物的眼睛位置可以引导人的视线；带指向性的形状，如手指、箭头等可以引导人的注意力从一个因素转向另一个因素。

(三) 比例

比例：即画面中各个设计元素所占空间的大小。

设计作品版面的空间分布不仅要赏心悦目，重要的是要按各元素的重要性来安排主次，要避免平均分配空间。

(四) 简洁

简洁、单纯是平面设计要遵守的最基本的原则。

要突出主要元素，使主题一目了然，构图要便于人们阅读和理解，切忌图形、图案杂乱无章，给人感觉修饰过多。

字体的花样不能太多，反差不能太大。

(五) 对比

对比：指两种元素同时出现在画面上，它们的形状、色彩、大小等因素之间发生的差异。

对比是引起人的视觉刺激的先决条件，在构图时，首先要确定画面主要元素的对比关系，比如要塑造高的感觉，不仅主要形象要高大，还要有短的、矮的元素相陪衬，这些元素可以是短的线条、色块或文字。

(六) 和谐

和谐是指平面设计中众多的不同元素彼此相关，使画面在整体上呈现一种和谐的感觉。

和谐并不意味着平面设计中所有的元素必须相似性，而是要求各元素之间“和平相处”，形成一个统一的整体。相互补充、相互联系、缺一不可。

第二节　平面设计艺术的分类

平面设计是指设计的有目的的创作活动所采取的形式之一，即在二维空间的一切设计活动。它所涉及的范围非常广，几乎囊括了整个商业设计领域。

(1) 字体设计。

(2) 标志设计。

(3) 视觉识别系统设计。

(4) 名片设计。

(5) 平面广告设计 (路牌、招贴、海报等)。

(6) 装帧设计，包括书籍、报刊、样本、宣传手册、画册、DM (宣传单)、贺卡、请柬等。

(7) 包装设计。

(8) 导向系统设计。

(9) 展示陈列设计。

(10) 多媒体设计。

(11) 网页设计。

(12) 其他各类印刷品设计。

本节结合下面两个例子进行论述。

一、标志设计

标志是以信息传达为主要功能的图形，这种带着一定寓意、内涵的特殊图形，以其颇具视觉美感的表现形式，直接或间接地将某种信息传达给接受者。标志是具有很强象征意义的符号，人们通过标志认识了许多企业（机构）、商品、场所和活动，进而对它们产生或好或坏、或深或浅的印象。因此，标志也被称作图形符号。

生活在当今环境中，标志早已被人们熟悉：电视、报刊、食品、服装、电器、药品、建筑、汽车、飞机上，都极容易发现标志的身影。在生活中，我们时常会得到标志符号的提示和制约，如交通道路标识、公共设施标识等，同样，我们也受惠于这些标志符号所带来的行动便利和启示。标志就像一个个包裹着含义的事物浓缩点，节约了我们达到目的的时间。在商业流通中，标志作为最简洁有效地传达方式联结着商家与消费者；在文化交流中，标志以特有的语言形式向外界传递思想和观念。总之，标志在现代社会生活中，已成为超越民族、语言、文化阶层乃至时空的、极为直观的信息交流方式，所以标志被公认为是沟通人际关系的“桥梁”。

（一）标志设计的表现形式

1. 图形型

图形型标志设计以自然界的客观形态为对象，基本保留了自然界具象形态的特征，图形具有生动、直观、识别性强、易于克服语言障碍，为不同阶层、不同文化背景、不同年龄的人所共同接受的优势。

图形型标志分为具象型和抽象型两大类：

（1）具象型。具象型图形是借助于高度概括和提炼的客观物象（如人体、动物、植物、建筑等人造物品等）的自然形态传达标志主体特性、理念及内涵。这类标志的形式感和谐统一，在视觉上易识易记，容易产生情感上的亲和力。

（2）抽象型。抽象图形是视觉语言的符号化，具有强烈的点、线、面的个性和简洁、精练的视觉形象，能充分、深刻地表达标志主体的内涵和意义。抽象图形是现代设计的主流。抽象图形可分为几何形、有机形和不规则形三类。

2. 文字型

文字本身具有说明性和造型性的双重特点，以文字特定字形的排列或构成来传达企业、机构的理念和精神，可直接表达文字说明的准确性。

文字型标志可分为字母型、汉字型和数字型三大类。

（1）字母型。字母型可分为单字母型与缩写字母型，单字母型标志往往是采用名称的第一个字母，进行艺术创作，特点是造型简洁，标志性强。

缩写字母型的标志是采用名称的每个主要单词的词首字母经组合构成标志，既解决了名称长不便于记忆的缺陷，又能准确传达企业、机构的文字信息。

（2）汉字型。汉字是世界文字中唯一具有方块形态的文字。古人归纳汉字构成具有象形、会意、指事、形声、转注、假借的特性（称“六书”）。用汉字进行标志设计，能充分展现中国文化的博大精深和区别于其他文字造型的民族个性。

（3）数字型。数字往往具有某种象征意义和纪念意义，某些标志用数字来表现更具有说明性和纪念性，而且数字本身的造型简洁特色明显，用于标志设计中较易获得形式美。

3. 综合型

综合型是指以文字与图形配合构成的标志形式，兼有文字的说明性和图形的直观性特点，易识易记，被广泛用于标志设计。

（二）标志设计的基本原则

1. 原创性

只有原创的标志才能确保设计的独特性，是视觉表现力和感染力强弱与否的重要前提。原创的标志不仅能在公众心目中留下美好深刻的印象，而且经得起时间的考验。

2. 艺术性

标志设计应遵循形式美的法则并灵活运用或创造丰富的表现手法。

标志的艺术性还表现在标志的创意点上，以及标志图形对标志主体特性及内涵表现的深刻程度。

3. 准确性

标志设计的关键还在于标志形态、寓意有无准确反映它所代表的主体（如企业、产品等）的特性。如果不考虑标志主体的特有属性，单纯追求艺术性、个性或视觉冲击力都是盲目的。

4. 适用性

不同的媒介在材质、形态、工艺、传达方式等方面都有各自的特点、优势和局限性，标志在设计时应充分考虑对不同媒介的适应性，无论形状、大小、色彩和肌理都应考虑周到，必要时应作弹性变通。

5. 时代性

标志设计要顺应时代的发展需求，要富有时代新意。

（三）标志的特点

标志的功能与形式决定了标志的特点。与其他视觉表现形式相比，标志要将丰富的意念用更简洁概括的形式，在相对更小的空间表现出来，并需要人们在较短的时间里理解其内在含义，表现手法要自然贴切。

1. 瞬间识别记忆深刻

精妙的创意、独特的表达，能迅速引起观者的注意，并通过对视觉图形的感知和理解，在大脑形成记忆和印象。个性鲜明、风格独特、追求唯一，是标志易于识别记忆的前提，也是标志的主要特点。

2. 形式简洁便于使用

浓缩的意念、简练的形式，是标志独特的视觉设计语言，给人言简意赅之感。由于标志使用的范围广，小至名片，大到路牌广告，从平面到立体，所以设计要保证多次数、多场合使用的规范性和标准性，以及加工制作的方便。

标志以简洁的、符号化的视觉传达设计语言向大众传递着具有特定含义的信息。就其内容标志可分为商业性标志和非商业性标志两类。

商业性标志：直接用于商业流通活动中的标志，如商标等。

非商业性标志：非直接用于商业流通活动的标志，如政府、机构、学校、活动标志和公共信息符号等。

商业性标志在白热化的市场竞争中，起着区别厂商或产品特征、维护权益、宣传产品、建立信誉及保障消费者利益等重要作用，成为品质和信誉的象征。其他标志在各类经济文化交流活动以及人们的生活中也扮演着重要角色。

按表现形式标志可分为文字标志和图形标志。

文字标志：以单个文字、字母或词句构成的标志。文字标志注重字体的设计个性化和排列组合形式，文字标志传达信息含义明确、一目了然。

图形标志：以图形构成的标志，包括具象图形和抽象图形。图形标志注重图形、结构的创新与美感，以视觉感染力强、形式多样、形象生动为特点。

二、版式设计

(一) 版式设计概述

版式设计是将文字、插图等元素组织安排在限定的版面上，版面包括版心、天头、地脚、订口等。

版式设计的范围很广泛，可以说只要属于平面设计范围的都是版式设计的内容，包括书籍，报刊、招贴、杂志、画册、挂历等。

版面只有经过设计才能称之为版面。这是现代平面设计的观念。经过设计的版面具有“易读性”“可读性”“有序性”。版式就是指在一种既定的平面上，对一切视觉元素，即字与字、行与行之间的空隙，字体的选择，图片的编排，字行的方向等进行科学合理的安排，使各个组成部分的结构平衡协调，给读者提供方便与舒适的阅读。版式设计不仅是一种编排技能，它还含有一定的科学性和很高的艺术创造性。版式设计在符合视觉阅读习惯的基础上要大胆创新，设计出更具审美品位的版面形式。

(二) 书籍的版心

版心是每一页容纳文字和图画的面积。版心四周有空白，上方叫作“天头”，下方称为“地脚”，靠近书外侧的叫“切口”，靠近书脊的叫“订口”。版心面积的大小和书籍的体裁、性质、用途有关，版心大周围空白留得就少，文字或图片的容量也就增加，反之，版心小周围空白留得就多，文字或图片的容量也就少。

版心的确定和书籍类别有关。一般文学类书籍的版心四周要留出大约2cm宽的空白外框，文学书文字比较多。这样编排显得比较整齐，阅读时眼睛也不受四周不利环境的干扰。理论书籍的版心面积要小些，这样读者在阅读时更能集中视力和精力。画册和摄影类书籍的版心非常灵活，可大到无边，可小到方寸，这要依画面与图片在书中的视觉需要而定。

版心定好后才考虑采用几号字，目前我国大部分图书遵循以下一个大概的版心尺寸和字号的比例：

(1)16开：206 mm × 140 mm，采用5号字，36行 × 38字。

(2)32开：142 mm × 96 mm，采用5号字，25行 × 26字。

(3) 大32开：160 mm × 103 mm，采用5号字，28行 × 28字。

当然，这只是一般常规尺寸与字号的比例。还可根据具体情况而定，但无论怎样都必须遵守一个原则，即在正常视力条件下，在距离书一尺的范围内能够正常阅读。

(三) 版式设计的形式

1. 比例

比例尺度是设计构成的重要审美形式。罗马人发现了黄金分割，认为是最美的比例，其比例为1 : 1.618，当时多用于建筑、雕刻，后来人们也将这一比例沿用到绘画、设计等领域。当然，随着社会的发展，人们的审美发生了变化，追求个性化的比例也是现代设计创新的表现，但无论怎样，比例符合了书籍的内容类别和使用功能，它才具有价值。比例在设计中是多元化的，黄金分割比只能作为今天设计的经典参考。

2. 视觉

人们平常的生活习惯为向上是升起，向下是降落或稳定。看书是从左上角开始阅读，这样的视觉经验形成了一种视觉心理反应。当人们在平面的纸上看到一个图形或文字在上方时，就会产生向上飘浮的视觉感受，当图形或文字在下方时，就会产生向下降落的视觉感受。

根据这些感受可以用点在白纸上做试验：将一个点放在白纸的上方就会产生向上飘浮；轻松的视觉感受：将一个点放在白纸的下方就会产生向下降落、稳定的视觉感受：将一个点放在白纸的左边就会产生舒畅、起点的视觉感受；将一个点放在白纸的右边就会产生终结，停顿的视觉感受；将四个点分别放在白纸的边上就会产生开阔、向外扩张的视觉感受；将四个点靠近放在中心就会产生紧张的视觉感受；将四个点松散开来就会产生远离的视觉感受。根据以上的视觉经验和感受，在设计版式时就可以注意到需要什么样的视觉效果。

3. 中心定位

面对一张正方形的平面纸，人的视觉中心要比几何中心高一些，这可能是习惯视线从上向下看的原因。

什么是视觉中心？视觉中心就是不借助任何测量，直接凭眼睛看的中心就是视觉中心。什么是几何中心？所谓几何中心就是经过测量产生的绝对中心。

人是有视错觉的，由于有视错觉，才有了视觉的感受和习惯，在设计中要善于运用习惯的经验和视错觉。一般版心的位置都不是在正中心，而是稍微向上一些才感到视觉舒服，如果把版心定在中心就会产生下坠的视觉感受。所以设计版心的位置不完全是靠测量，需要有一定的视觉感受。

4. 视觉方向

方向感是有序的排列形成的一种视觉运动状态，它具有一定的运动方向感，可以将其归纳为水平、垂直、倾斜三种形式。

在版式设计中，所有的元素都能够排列成具有运动方向感的形式。在书籍版式设计中文字是第一元素，用文字组成的行表现为线的形式，由字行集合成行组，其构成的形状表现为某种运动的方向，或水平，或垂直，或倾斜，这些方向可以共同运用在一个版面上，但要注意不能花乱，要有一定的视觉秩序性。

5. 对称

对称给人一种稳定感，也是版式设计中经常运用的形式。

自然界中的动植物根据一定的自然法则存在于自然界之中，人们早已熟悉并喜欢这一大自然造化的和谐，并用这一形式创造出具有实用价值和审美意义的人类文明。

对称的版式给人一种稳定、庄重的视觉内涵，所以常用于比较严肃古典的书籍，体现出现代感。

6. 均衡

均衡是视觉力的平衡而不是形的对称，是不以中轴线来限定两边等量对称视觉平衡的。

均衡在版面中表现出较活跃的形式感，由于两边的形的大小不同，又能产生平衡的视觉，所以在设计中更显得自由。均衡在达到的视觉范围是利用空间的气韵和元素的呼应关系，在设计中往往“一点值千金”，真是一种视觉的游戏，如果运用得当可以设计出非常丰富的版面形式。

7. 版心周围的空白

“计白当黑”就是说空白也是有内容的，空白与版心中的文字、图形从视觉意义上说是同样重要的。空白留多少直接影响着版面给人的感受，影响着文字与图形的美感，所以在设计版心的“实”形时也要注意空白的“虚”形，没有虚就无所谓实，虚实是相兼的。

留白是美学的一个大学问，具有审美的哲理意蕴。不同的留白会产生不同的视觉心理感受和审美品质，在设计中要根据书籍的内容及设计的风格设计出具有内涵的版面空间。

8. 节奏与韵律

版式设计不仅仅是确定版心的大小、位置，还要构成版面的节奏与韵律。节奏是重复的律动，韵律是富有变化的、有组织有反复的交替。节奏与韵律本来是音乐中的术语，节奏是音乐中有规律的鼓点节拍，而韵律是在穿插于节拍之中的起伏的旋律，它有高有低，有快有慢，连绵不断，在统一的调子中具有丰富的变化，产生美妙的旋律。作为视觉艺术的节奏与韵律和音乐中的节奏与韵律一样，视觉艺术需要将抽象的点、线、面等形状有意识、有秩序地安排产生对比与和谐，从中产生视觉的节奏与韵律。

版式设计主要是对文字、图形及点、线、面的符号元素进行组织安排，设计者需要将这些元素按照既定的意愿进行设计，如文字的大小号以及字体，字行的长短与间隔，图形的大小、形状与文字产生的对比关系。这时就应该把文字与图形视为抽象的点、线、面以便于理解，将这些抽象因素形成对比，对比越强烈，产生的视觉节奏就越强，视觉效果也就越强。当然不是所有版式设计都需要很强的视觉节奏，这需要根据版面的内容而定。

9. 版面分割

版面分割是二维的比例构成关系，版面分割是为了形成有序的视觉层次。分割是在整体中分割出许多的部分，它们之间产生了不同大小的区域，也就有了一种构图的方法，在比例关系中产生了主次，这样就会使版面主题突出，层次分明。

版面分割是要将所有的元素合理地组织在一起，产生视觉形式感，使版式设计收到主次分明、清新阅读的效果，不至于产生诸多元素的堆积感，避免主次不分的状况。版面对比可强可弱，可以组织成无穷无尽的版面分割，产生丰富的版式设计形式。

第三节　平面设计的发展与演变

一般认为，现代设计史是从19世纪中期工业革命成功后开始的。事实上，从远古以来，中西方绘画艺术、手工艺的理念一直更接近于“设计”，只有在中国元代文人画与西方印象主义产生后，才完全形成了专注于个人内在精神性的“艺术”。

古希腊、罗马的雕塑都是实用性的，中世纪的绘画是为了不识字的教众理解基督教的教义，为教堂创造庄严神秘的氛围；文艺复兴时期的绘画除了教会的订单，还有一些是应贵族装饰厅堂的需要而做；巴洛克时期订单的来源更加多样，教会、王室、贵族，甚至在新教国家荷兰，新兴的市民阶级也将绘画作为家中的装饰，便宜一些的小幅作品大行其道；法国罗可可绘画风格的兴盛，就是由于女性贵族偏爱白色、蓝色、金色以及曲线等清丽而雅致的装饰的缘故；新古典主义的画家以画笔为武器，为法国革命呐喊助威……以上所谓的“艺术”，实际上都是某种“设计”，它要求被某一人群欣赏，要求有某种功利的作用，而画家个人的个性、天才和情感，则需要与这些要求相融合，使这些基于实用的绘画作品，表现出某种独特的、动人的艺术力量。

大约出现浪漫主义以来，画家才开始自觉探索绘画艺术中个人情感甚至生命力的表达。德拉克洛瓦笔下的雄狮不是设计，是绘画艺术作品；米勒笔下的虔诚朴拙的农民是米勒内心情感的外化；因为迷恋自然界光与色彩的美妙变化，莫奈一幅幅画着睡莲；而凡·高笔下的向日葵、星空、麦田，创作的动力则超越了情感，简直就是画家生命的体现……这才是绘画艺术。

与此同时，工业革命的胜利呼唤着与艺术有着很大关联的一种行业——“现代设计”的诞生。

一、现代设计的萌芽

早期人类进化的一个重要特点就是人学会了制造用于生活、生产和战争的工具，这些早期工具的特点就是简单化和实用性。当人类进入到更高的文明时期后，便开始注重工具的美观，他们开始在自己制造的工具上进行装饰，这时的工具不仅具备了功能性、实用性，同时具有了美观性，这就是人类最早的设计活动。当工具可以用来交换时，便成了早期的商品——产品。许多传统的设计与制作是分不开的，设计者也是制作者，而现代生产的一个很大的特点就是制作与设计的分工，使设计成为一个独立的活动。

现代设计产生的背景是1760年以英国工业革命为代表的现代工业生产方式，它开创了以机器代替手工工具的时代，这不仅是一次技术上的改革，更是一场深刻的社会变革。这场变革使许多早期的设计家感到不知所措，表现出对工业化时期到来的恐惧，他们开始怀念中世纪的浪漫情调，企图以中世纪古典装饰的特点来与工业化抗争。这一时期最典型的设计就是“维多利亚时期”的设计风格，这种设计风格的显著特点就是对中世纪哥特式风格的推崇和复兴，表现出矫揉造作、追求烦琐的形式特点。

二、工艺美术运动

工业革命是从英国开始的一场基于新能源的技术革命，从1760年前后开始，到1840年前后完成。这场革命极大地促进了生产力的发展，工业化大生产代替了传统手工业作坊，中产阶级日趋壮大，公民受教育程度普遍提高，历史上第一次产生了大众范围的文化需求。大众传播在此时诞生：报纸发行量激增，大众杂志、儿童读物兴起并迅速发展，新的工业品需要印刷包装、需要各种平面广告，各种娱乐海报贴遍大街小巷，市场需求呼吁适应和引导大众口味的平面设计。

19世纪的西方工业国家，一种叫作“维多利亚风格”的设计风格蔓延。此时的英国政治较为安定，经济高速发展，设计风格出现了由于物质充裕而形成的讲究烦琐装饰的倾向（类似于中国清代康乾盛世时期讲究烦琐装饰的瓷器），这种装饰风格在印刷、建筑、家具、家庭用品等领域大行其道。其主要特点如下：

（1）造型丰富饱满。

（2）从各种复古风格和异国情调中借鉴纹样，如罗可可涡卷纹、哥特风格的尖塔纹、文艺复兴式的绞缠纹等。

（3）设计中运用的走兽、飞禽、花卉果实以写实风格呈现。

19世纪初，平面印刷技术上出现了一种叫作“彩石板印刷”的工艺，这种工艺较之木刻印刷和金属印刷，特点是能够印刷出层次分明、色彩绚丽、拥有细腻美妙的细节的图像，这种工艺与维多利亚风格相结合，一时间平面设计领域烦琐复杂、追求华贵高雅感的装饰之风劲吹。工艺美术运动很大程度上是围绕威廉·莫里斯的实践经历进行的。他在大学时代接受了拉斯金的思想，毕业后，于1857年参加了“拉斐尔前派兄弟会”。19世纪英国皇家美术学院一直把拉斐尔的艺术视为典范，致使画界追摹古典画风，流行秀媚甜俗的匠气艺术。这种情况下，亨特、米莱斯和罗赛蒂于1848年发起成立了一个画派，史称“拉斐尔前派”，竭力推崇拉斐尔以前中世纪时的朴实真挚的画风。“拉斐尔前派”在绘画中强调自然与象征作用，题材以圣经或富于基督教思想的文学作品为主。这个画派的风格集中体现了当时知识分子的迷茫，缺乏前进方向，到想象中的唯美世界中寻求慰藉的状态。莫里斯不是其中的主力，而此时来临的婚姻成为莫里斯事业生涯转折的契机。莫里斯婚前设计了自己的住宅以及一系列的家具、装饰、用品等，一反当时流行的维多利亚风格，重视朴实的形式和良好的功能，为设计界吹来一阵清风，引起了广泛的好评。1864 年，莫里斯开设了设计事务所，接受从建筑到家装、用具等全方位的设计任务。

莫里斯的设计主要有 3 个来源：一是中世纪哥特风格；二是发扬拉斯金"向自然学习"的理念，设计利用大量的卷草、花卉、鸟类纹样；三是日本传统的平面装饰风格。

在平面设计方面，工艺美术运动时期的一些设计家们着眼于高艺术水平和设计表现，他们探讨了版面空间比例、文字行间距、字体风格、纸张的选择等一系列问题，莫里斯本人也设计了一些字体。莫里斯的平面版式设计主要理念是恢复中世纪手抄本的特色。

最重要的作品是他与伯恩·琼斯共同设计的《乔叟集》。作品版面编排非常拥挤，扉页和每个章节的第一页，都充满了花草图案，首写字母装饰繁杂华贵，琼斯的木刻插图精细唯美。当时，这种设计因违背了工艺美术运动的民主化立场而遭到批判，今天看来，我们仍会惊讶于这种作品出自于倡导民主主义和质朴诚实的设计的工艺美术领袖之手，只能从中世纪虔诚瑰丽的手抄本中寻找母体和答案。

三、新艺术运动

(一) 背景与思想

新艺术运动是 1890 ~ 1910 年在西方广泛兴起的一种装饰艺术运动，它起源于法国，得名于 1895 年 12 月巴黎开设的一个新画廊——"新艺术之家"，店内的主要装饰均有着明显的新艺术风格形式特点——大量曲线和有机形态，推崇艺术与技术紧密结合的设计。推崇精工制作的手工艺，要求设计、制作出的产品美观实用，涉及包括建筑、家具、日用品、插图、海报等几乎全部实用艺术领域，力求创造一种新的时代风格。

新艺术运动与工艺美术运动有着相似的背景，因此也有着诸多相似之处：都在工业化背景下倡导手工艺的传统；都采用自然的装饰动机，自然中的有机体（如植物、动物）成为主要装饰图案；都受到了日本的装饰风格——特别是江户时代的浮世绘线描和平涂风格的影响。然而，新艺术运动与工艺美术运动在指导思想方面却有着明显的不同：它基本上没有借鉴任何一种传统装饰风格，而是强调向自然学习，既然自然界的有机体没有任何直线形式，那么在设计中就要用曲线。

大量曲线的运用为新艺术运动带来“面条风格”“蚯蚓风格”甚至“女性风格”的绰号，而对各种历史风格的大胆否定，也奠定了以后的设计运动不再标榜借鉴某种历史风格的基础，解放了艺术家和公众的想象力。印刷技术的发展与普及，更使新艺术运动进一步推动了工艺美术运动的一个目标——为大众设计。

新艺术运动是一次运动，而非一种统一的形式风格。它作为一种思潮影响了当时多个西方资本主义国家，且在各国表现出不同的特色。在德国，这个风格被称为“青年风格”；在维也纳，它被称为“分离派风格”；在意大利，被称为“自由风格”。而从历史发展的角度看，新艺术是一种从传统主义向现代主义过渡的一个承上启下的阶段和运动。

（二）法国新艺术运动

新艺术运动发源于法国，平面设计的中心在巴黎19世纪到20世纪初的巴黎是世界艺术的中心，荟萃了来自各国的艺术家。1881年前后，法国政府不再禁止公开张贴海报，海报成为商业宣传的重要手段，一时间涌现出一批杰出的平面设计家。

1. 朱利斯·谢列特

被称为“现代海报之父”的朱利斯·谢列特出身清苦，未受过正规艺术教育。学徒出身的他精通彩石板印刷技术，设计风格自然流畅，色彩鲜艳，讲究线条，画面充满动感。特别值得一提的是，谢列特笔下的女性非常具有特色，她们穿着时髦，成熟而充满活力，其仪表和穿着成为当时巴黎妇女效仿的样板，欣赏者为她们赋予了一个统一的称号——“谢列特女性”，认为这些女性形象代表了古板的维多利亚时期妇女向19世纪末“欢乐一代”妇女转换的模式，谢列特也由此被称为“法国妇女解放之父”。在19世纪70

年代以后，谢列特成为巴黎最受欢迎的平面设计家，设计的海报最大尺寸达到两米高，成为巴黎街头引人注目的风景。

2. 图卢兹·劳德里克

图卢兹·劳德里克出身贵族家庭，13 岁时由于事故导致双股骨骨折，成为终身残疾。他性格内向，喜欢绘画，画风受当时的印象主义和后印象主义影响很大，色彩往往是平涂的，线条简洁，利用透视表现前景、中景与背景的关系，给人以层次感和难忘的印象。劳德里克经常沉醉于巴黎繁华的夜生活中，流连于各个夜总会和歌舞厅，所以其海报多以演出等活动为题材，主要人物多为舞女和女伶等，成名作品是《红磨坊》。

3. 阿尔方斯·穆卡

阿尔方斯·穆卡是前捷克斯洛伐克人，他的风格影响了整整一代法国平面设计师。穆卡的平面设计作品精致细腻，色彩绚丽，图案、字体等高度统一，具有非常高的装饰性，被认为是新艺术平面设计的最高典范。在创作方式上，穆卡往往采用单线平涂的描绘方法，充分运用"新艺术"运动所倡导的以植物纹样为中心的曲线进行设计，同时学习拜占庭风格，马赛克镶嵌的元素也时常出现在他的平面设计中。穆卡笔下的女性与谢列特、劳德里克笔下的女性不同，她们脱离世俗，典雅而优美，宛若女神，大约是受到了英国绘画界拉斐尔前派和完美主义的双重影响。

(三) 英国新艺术运动

英国的新艺术运动是工艺美术运动的发展，同时受到了当时象征主义、唯美主义等新文艺思潮的很大影响，作品充斥着寓意与神秘形式的符号。英国的新艺术运动不如工艺美术运动影响大，但是其中的代表风格却为传统设计向现代设计的转变进行了铺垫和探索。

1. 奥伯利·比亚兹莱

拉斐尔前派和完美主义的双重影响。美国的新艺术运动集中表现在插图等平面设计上，代表人物是被称为新艺术运动的"疯狂孩子"的年轻画家、设计家奥伯利·比亚兹莱。比亚兹莱没有受过正规的美术教育，但非常爱好文学和音乐，18 岁的时候，他拜访了拉斐尔前派著名画家伯恩·琼斯，受到琼斯作品中中世纪题材和纤弱神秘的风格的影响，可能是自身性格与拉斐尔前派虚空、悲观的情绪相契合，他的作品受拉斐尔前派影响较大。同时，比亚兹莱也受到了东方风格特别是日本浮世绘的感染，形式上继承了日本浮世绘细致的轮廓线条描绘与繁复的图案装饰，龙鳞图案、孔雀羽毛、东方化的宽大的服装都在他的作品中一再出现。比亚兹莱主要创作插图作品，作品大都没有色彩，只有黑色的线条和黑白的对比，人物多纤瘦颀长，有些显示出狰狞的美丽，有些表现出一种唯美的病态，作品充满着世纪末的颓废色彩。鲁迅先生在1929年曾自费出版过《比亚兹莱画选》，在“小引”中对其有过如下评价：“生命虽然如此短促，却没有一个艺术家，作黑白画的艺术家，获得比他更为普遍的名誉；也没有一个艺术家影响现代艺术如他这样的广阔。”

2. 格拉斯哥四人

19世纪末20世纪初，苏格兰格拉斯哥的一群年轻设计家在新艺术运动的基础上探索着新的设计道路，由于他们是由两对夫妇（4位设计家）所组成的团体，所以通常称他们为“格拉斯哥四人”。“格拉斯哥四人”的核心是设计家查尔斯・马金托什，另外还有他的朋友赫伯特・马克奈尔，而马金托什的太太玛格列特・麦当娜和马克奈尔的太太佛朗西斯・麦当娜是一对姐妹，4人全都毕业于格拉斯哥美术学院。“格拉斯哥四人”的设计也很大程度上受到了日本浮世绘的影响，但是，与其他新艺术风格流派不同的是，他们在日本传统艺术中看到了简单的直线线条，从而改变了只有曲线才是优美的、才能取得最好的设计效果的观念。同时，他们也着力向比亚兹莱的简练、流畅而富于想象力的线条学习，向他的黑白线描风格学习，也向他象征主义的精神学习，终于创造出一种更加抽象的、蕴含着现代设计语汇和象征精神的风格。在平面设计的形式上，他们往往采用对称的构图方式，隐约可见的人形居中，向两侧分别伸出弯曲的、植物藤蔓般的线条，几何形态与有机形态混合运用，整体感觉神秘、肃穆而典雅，富于宗教的象征精神。

“格拉斯哥四人”特别是马金托什的设计中蕴含了直线、简单的几何造型、无彩色等现代设计语汇，被视为现代主义前奏，在设计史上具有承上启下的作用。

四、包豪斯设计学院与格罗皮乌斯

1919年德国人沃尔特·格罗皮乌斯创立了“现代设计的摇篮”——魏玛包豪斯设计学院，并代表包豪斯提出了三个基本设计理念：①艺术与技术的新统一；②设计的目的是人而非产品；③设计必须遵循自然与客观的法则。这些观点对现代工业设计的发展起到了积极作用，使现代设计由理想主义走向现实主义，用理性的、科学的思想来代替艺术上的自我表现和浪漫主义。包豪斯将现代设计与教育紧密结合是设计史上的一个伟大创举。在包豪斯设计学院，格罗皮乌斯尝试将设计艺术与设计教育结合在一起，并吸引了康定斯基、克利、费林格、蒙德里安和等著名的艺术家任教。此后，包豪斯的现代设计风格迅速蔓延到许多国家。从广告、招贴、包装、书刊的版面设计到建筑、摄影、家具及日用品设计等，无不深受包豪斯的影响。可以说，包豪斯的设计理念为现代平面设计的形成打下了坚实的理论与实践基础。

五、美国的现代主义设计运动

第二次世界大战爆发后，由于受到纳粹德国的迫害，大批欧洲杰出的艺术家和设计家，比如包豪斯的核心人物格罗皮乌斯、米斯、纳吉，艺术家杜尚、蒙德里安，以及包豪斯优秀的学生布丁等人先后来到美国，集中从事设计与教学工作。源于欧洲大陆的“现代主义设计运动”的中心也移到了美国，并且与美国工业设计界所崇尚的为企业服务、注重经济效益和市场竞争的实用理念结合在一起，在设计风格上，反对过分的装饰，追求形式简洁，注重功能化、理性化和系统化。在设计形式上，崇尚米斯·凡·德·洛提出的“少即是多”的原则。设计风格逐渐发展成为美国化的“现代主义设计”，由此，大大促进了美国设计水平的迅速发展，成为当今世界上设计最发达的国家。

六、国际主义平面设计风格的形成

“国际主义平面设计风格”也称为“瑞士平面设计风格”，是战后最有影响的平面设计形式。“国际主义平面设计风格”的特点是力图通过简单的网格结构和近乎标准化的版面公式达到设计上的统一性，具体说就是在版面上预先划分出不对称的网格，然后在确定好的网格内分配文字、插图、照片、标志等。它不是简单地把图片与文字拼凑在一起，而是从画面结构的相互联系中发展出的一种形式法则，以简单明快的版面编排和无饰线体字体为中心，形成了高度功能化、理性化的风格。这种以数学逻辑为基础、探索明确、易读的视觉秩序的版面设计方法，对于国际化的视觉传达目的非常有利，已为世界上许多设计师所接受并流行至今。“国际主义平面设计风格”的设计缩小了个人表达的空间，将繁复的设计难题规范为一种简洁的方式，其精髓就是强调“用无衬线字体构成的版面才能表达今天的时代精神；数学网格是组织信息最易读而又最和谐的手法；其设计的核心就是形式与内容的高度统一”。

在这之后发展起来的以多种风格并存的“后现代主义设计”，使现代工业设计又向高技术和多元化的方向产生了新的发展。

总之，100 多年来，平面设计发展的每个阶段风格流派迥异，各领风骚，并不断影响着平面设计的变革。但是，无论是早期的复古风格还是现代的平面设计思潮的发展，无不在追求着“以人为本”的设计和评价标准，追求着使平面设计向高度功能化的完善，追求着使平面设计在功能性与艺术性上更加完美地结合。

第八章 平面设计艺术的要素

任何一件平面设计作品，无论其风格如何，总会有色彩、图形、文字这三个要素，这三个要素是一件作品的生命所在。首先，一件作品总是以一定的色彩组合来存在的，色彩是必不可少的要素。其次，即使是一个单纯由文字构成的作品，其组成文字也是以图形化的形象存在的，其文字的排列组合、字体、字号的选择和运用直接影响着版面的视觉传达效果。

平面设计中的色彩、图形和文字三者及其关系是相互制约、相互影响的，是一个平面设计者必须用心研究并综合运用的。因此，要深入地了解平面设计，就必须运用并处理好这几个要素以及它们之间的关系，必须对文字、图形、色彩这三大要素有更为深刻的认识。

第一节 文字与平面设计艺术

文字是平面设计中不可缺少的构成要素，一般而言，平面设计中的文字要素具有两大功能：信息传播和视觉审美。

首先，文字是对一件平面设计作品所传达意思的归纳和提示，文字对信息的传达是最明确和直接的，它能够有效地避免图形在信息传达中的歧义和不确定性。

其次，文字作为视觉化的符号在设计作品中出现，除了本身的字面含义（信息传播）之外，还有很重要的作用就是视觉审美。文字在平面作品中的排列组合、字体字号的选择和运用等形成了平面设计作品的视觉审美价值。

一、字体设计的含义和基本属性

什么是字体设计？字体设计是平面视觉设计的重要组成部分，其主要任务就是要对文字的形象进行艺术处理，以增强文字的传播效果。

文字，是人类记录思想、交流思想的符号，它同语言类似，都是运用一定形象来表达思想的。不过，语言是运用听觉形象，而字体则运用视觉形象。因此说，字体是视觉的语言，是语言的书写符号，是扩大语言在时间和空间上的交际功能的文化工具。

既然文字是一种运用视觉形象来表达思想的符号，就有一个形象美的问题，因此，字体就在实用性的基础上，派生出艺术性的要求。而易认则是为了便于辨认，这样才有利于思想的传播。从艺术性的要求讲，字体的形象应力求优美，使人赏心悦目，获得美的感受，从而使需要表达的思想得到更加充分的体现。

因此，实用性和艺术性是字体设计应该具备的两个基本属性。

二、字体设计的重要性

在平面视觉传达设计中，文字是不可缺少的部分，甚至有相当数量的设计作品纯粹是由文字构成的。字体设计的优劣，直接关系到设计作品的整体效果。因此，对设计者说来，善用字体，其设计便算成功了一半乃至全部，因而有“能驾驭字的人，才能高谈设计”的说法。

特别是在当前快速发展的社会里，字体已成为最直接、最有效的视觉传达要素，字体透过快速而大量的印刷媒体，将所要传达的信息很快地传播到世界各地。字体这种功能，使它在国际市场的竞争中具有不可忽视的作用。为了扩大企业和商品的影响，为了树立企业形象和产品形象，国外已普遍对企业名称和商品名称进行标准化字体设计，使一组字体融为一个整体，并经过注册后，其他厂家不能随便使用，成为受到法律保护的标准字体。当设计标准字体时，对每个字的笔画都要标明准确的长度、宽度、角度和弧度，使这些字体的绘写方法高度规范化。

三、文字设计的原则

(一) 文字的可读性

文字的主要功能是在视觉传达中向大众传达作者的意图和各种信息，要达到这一目的必须考虑文字的整体诉求效果，给人以清晰的视觉印象。因此，设计中的文字应避免繁杂零乱，使人易认、易懂。切忌为了设计而设计，忘记了文字设计的根本目的是更好、更有效地传达作者的意图，表达设计的主题和构想意念。

(二) 赋予文字个性

文字的设计要服从于作品的风格特征。文字的设计不能和整个作品的风格特征相脱离，更不能相冲突，否则就会破坏文字的诉求效果。一般说来，文字的个性大约可以分为以下几种：

(1) 端庄秀丽。这一类字体优美清新、格调高雅、华丽高贵。

(2) 坚固挺拔。字体造型富于力度。

(3) 简洁爽朗，现代感强，有很强的视觉冲击力。

(4) 深沉厚重。字体造型规整，具有重量感，庄严雄伟，不可动摇。

(5) 欢快轻盈。字体生动活泼。

(6) 跳跃明快，节奏感和韵律感都很强，给人一种生机盎然的感受。

(7) 苍劲古朴。这类字体朴素无华，饱含古韵，能给人一种对逝去时光的回味体验。

(8) 新颖独特。字体的造型奇妙，不同一般，个性非常突出，给人的印象独特而新颖。

(三) 在视觉上给人以美感

在视觉传达的过程中，文字作为画面的形象要素之一，具有传达感情的功能，因而它必须具有视觉上的美感，能够给人以美的感受。字型设计良好、组合巧妙的文字能使人感到愉快，留下美好的印象，从而获得良好的心理反应。反之，则使人看后心里不愉快，视觉上难以产生美感，甚至会让观众拒而不看，这样势必难以传达出作者想表达的意图和构想。

(四) 设计富于创造性

根据作品主题的要求，突出文字设计的个性色彩，创造与众不同的独具特色的字体，给人以别开生面的视觉感受，有利于作者设计意图的表现。设计时，应从字的形态特征与组合上进行探求，不断修改，反复琢磨，这样才能创造出富有个性的文字，使其外部形态和设计格调都能唤起人们的审美愉悦感受。

四、字体设计方法与应用

自从文字产生以来，人类就没有停止过对文字的设计和创意。无论是象形、意形还是字母文字，在每个历史阶段都有变革，其原因一是生产工具的改变，二是用途扩展，三是审美发生了变化。文字从用以记录语言、表达思想和传达信息，到作为装饰，再发展到现代艺术设计的视觉形象，可以说当今的字体设计已经融入人类生活的每个角落。如此广泛的运用，设计出具有审美品质的字体成为设计文化工作者非常重要的责任。

现代字体创意，不能孤立地看成是单一笔画的装饰与变形，要注意字体结构的整体性变化和视觉传达形式，不能只是停留在象形与象征的概念上，要把字体创意提高到视觉构成的美学高度上来，提高平面设计的品位，以科学的观点确立平面设计的理念。

字体设计是将汉字或拉丁字母重新加以有意义的形态变化，使其在传达信息的同时又表现出艺术的美学含义。在进行字体设计时，需要对字体的要素特征进行研究和想象，将其固有的结构、形态通过不同寓意的演绎，成为一个新的、具有个性魅力的视觉传达形象字体。

(一) 文字的大小

人们常用正常熟知的视觉来确认世界上存在的事物，在已往的经验中事物总有它自身合适的大小比例，人们也已习惯正常的视觉大小比例。如果将熟视的大小比例改变了，就会出现新的视觉效果和新的心理感受，人们会对它产生重新审视的兴趣。常用的字体大小比例是根据不同的用途、功能确定比较稳定的尺度，然而，将文字应用在平面设计中使其大小比例超出正常视觉习惯，就会产生视觉上与心理上的强烈冲击，这样文字的本来意义就被扩展了。

大小比例的设计方法在平面设计中经常应用，大小对比的强弱会产生多种多样的视觉感受和节奏感，可以使平面设计的构成关系自由化。字体可大到一整面，也可小到一个点，另外，大小组合的顺序也是非常自由的，繁与简也是任意的，只要能够收到很好的视觉效果和达到相应的视觉目的就可以了。

（二）字体的形态

汉字与拉丁字母都有基本的字体形态，当人们把它的形态加以变化时仍然要有可读解性，仍能识别它的内在结构特征。

字体形态变化不能只是孤立的、单一的笔画变化，应该整体把握结构与外形、方形与圆形、线条与块面、直线与曲线的对比呼应关系，在设计上要有曲线流畅浪漫抒情的，有块面组合严紧厚重的，有方圆对比呈机械感的，有线条细润空灵清新的，有点、线、面组合产生节奏感的。字体形态设计的方法如下：

（1）将汉字或字母适合地置于某种形中，对字的笔画结构进行整体适合形的设计。

（2）将一个文字重复排列，做近似的设计。

（3）将两个文字分别放置于对角，做对角连续渐变的设计。

（4）将一个文字分别放置两端，做正负形的互换形的设计。

字体的大小在平面设计应用中，由于它的秩序感强，可产生整体律动的视觉效果，具有较强的节奏感和韵律感。

（三）文字的粗细

文字的粗细变化就是文字的视觉性格变化。同一种类型字体的笔画分为粗、中、细。笔画越粗，黑笔画正形会造成强烈的扩张感，使得白底负形空间被压缩，由于大面积的正形黑和少量的负形空间的白，会产生黑夜里见到几处亮光的一种神秘感，因此会造成厚重的压抑感；笔画越细，负形的白底空间越大，就越有扩张感，使得正形的笔画越显纤细，具有空灵不凡、精致淡雅之感。粗细是相对正常视觉而言的，所以在设计字体的粗细时要强调它的粗细笔画，使粗与细达到极致的个性状态。尝试着从如针尖一样细的笔画开始向最粗的笔画演变，使最粗的笔画达到占满空间，这样就可以感受到粗细变化的视觉传统特征，寻找到其中的视觉含义。文字粗细的设计方法如下：

（1）将一个同等大小的文字进行笔画粗细的演变设计。

（2）将不同尺寸大小的文字进行笔画粗细的变化设计，并把它的组合放在一个平面上进行对比，会产生视觉节奏的变化，使其产生比较活跃的空间视觉效果。

字体粗细变化手段应用在平面设计中，可以使重点突出，一目了然，能快速准确地传达主要的信息，富有层次感，使平面设计具有丰富的变化，从而收到视觉间歇与视觉联系的读解效果。有张有弛在视觉传达中可以产生先后顺序和空间变化，不会感到视觉乏味。由于文字笔画粗细的变化会产生不同的个性风格，所以可根据所需要的设计内容选择是粗犷的还是细致的。

（四）字体的变形

字体变形是展示字体的不同姿态特征，在变形状态中体现字体的风格，变形是根据应用的内容需要进行变化形成。既然是变形就需要超越原形状态，就要产生运动方向、运动秩序，表现出它的造型运动特征：是体现奔跑速度，还是体现向上飞翔，是体现旋转飞舞，还是体现如叶飘落。

字体的变形需要有情有趣，这就需要丰富的修养和对生活及自然界的联想，更重要的是要有抽象造型的感受，在几何形中能体会到它的视觉内涵和趣味特征。

经过变形的字体会产生新的视觉形象，并带有了个性特征，在平面设计中称之为识别字体。识别的含义就是能够区别于其他的字体形象。经过变形的字体有着自己的独特面貌，作为设计文化形象有着非常重要的意义，可以用自己的独特形象传达设计文化，让人们记住设计文化的形象。字体的变形方法如下：

（1）倾斜字体形象。第一步是将端正的方块字体倾斜，也就是菱形，形象就有了运动感，在这一瞬间字体变形设计就产生了。

（2）旋转字体形象。将文字的所有笔画有方向地旋转，就可以使字体产生转动飞舞感。

(3) 压缩或拉长文体形象。将正常高宽比例的文字压扁或拉长。

(4) 扭曲字体形象。将文字作各种扭曲形象，可以产生各种动姿状态。

(五) 文字的立体效果

立体是三维空间的概念，人们平时所写的字都是二维平面的，三维立体是由高、宽、深空间组成的字体。在设计立体字之前首先要弄清楚真实立体空间与虚拟立体空间的概念，真实空间是用眼睛看得到、手能触摸得到的；而虚拟空间是用真实空间的概念表现出来，和真实空间相似的视幻空间，只能用眼睛看得到而不能用手触摸到。

在本书中主要学习的是虚拟空间，也称之为立体效果，这需要对真实空间进行模仿，对虚拟空间效果进行再创造，一是具有近大远小的空间透视，二是打破近大远小的规律，三是创造矛盾空间的效果。以下是几种平面空间虚拟成三维立体的方法：

1. 阴影效果

物体在光线的照射下都会产生阴影，由于光源的照射角度不同会出现不同长短、不同形状、不同透视效果的阴影，这些阴影使人们更加强烈地感到物体的体积感，同时感到立体关系的美感。另外，阴影虽然是虚形，它也有形态，在设计立体字时可以利用阴影的各种形态进行联想，可以创造出超现实的物体和阴影的关系，达到虚拟空间在设计中的自由发挥。

2. 浮雕效果

浮雕称之为二维半空间，也就是在平面背景上突出一半体积形象，可以产生平面上的起伏变化。

3. 透视效果

透视是视点物体和灭点之间的位置产生的视觉关系，透视的变化和视点与物体的角度及位置有关。视点在物体上或下就产生俯视和仰视，视点移动角度在物体的成角上就产生成角透视，将这些视觉关系表达到平面上就产生了透视效果。

4. 矛盾空间

物体发生了空间关系矛盾，空间透视关系产生幻觉，一方面出现了两个空间透视关系的矛盾，产生了一个共同面，另一方面还产生了体面关系转换，使方向位置产生错觉，有比较强的空间趣味。

将矛盾空间应用于平面设计，会产生视幻效果和神秘的视觉效果，使视觉传达形象具有比较强的视幻魅力。

(六) 手写体

手写体是徒手不借助尺子、圆规等仪器工具随心所欲进行书写的字体，这对每个人来说并不是陌生的事。人们通常看见的印刷品用的都是严谨的印刷字体，偶尔在印刷品中出现富有个性、流露着人为痕迹的手写体，不免会倍感亲切。

手写体具有无拘无束的表现特征，具有很强的随意性，可以激发设计者的创意思维，产生许多预想不到的视觉效果。自发性与偶然性是手写体非常重要的特征，具有天人合一的审美趣味。

手写体的形式手段很多，有在墙上涂写的效果，有用粉笔在黑板上书写的效果，有用铅笔和其他笔书写的效果，有用毛笔在宣纸上书写的效果，有用刀刮出的效果，还有用其他工具书写的效果。作为书写的工具与形式，无论是中国的还是外国的，都各有所长，各有特点，都是平面设计者学习吸取的宝贵财富。

在手写体表现形式方面，中国书法有着丰厚的资源。中国传统书法早已形成一整套完美的书写技法、风格及审美体系，是人们学习和吸取的典范。当然，由于书法非常深奥和需要长期专业的训练，对于平面设计者来说，更多的是选择、复制或组合。尽管如此，也需要很高水准的鉴别与欣赏能力，这是平面设计工作者必备的条件。

中国传统书法有着悠久的历史，已经形成了各自的特征，它们是平面设计者非常重要的借鉴依据。以下是中国书法形式的几大特征：

甲骨文是以刀在龟甲兽骨上刻画而成，具有刻制特有的金石感，显得古朴浑厚。

金文是铸刻在钟鼎器物上的铭文，笔画圆匀，显得圆浑。

石鼓文是在石鼓上凿刻而成，其风格朴实自然，用笔圆动挺拔，圆中见方。

隶书笔画多是棱角分明的方笔，具有变化之妙。

楷书笔画平直稳重，浑然一体。

行书是介于楷书和草书之间的字体，是将端正字体较自由地书写出来，有“真书如立，行书如行”之说，具有险峭爽朗之感。

草书书写情致自然，笔墨飞舞活泼生动，气势磅礴。

将书法应用在平面设计中，现在已经比较多了，但真正应用得好的并不多，原因是普遍都是将某名家的书法不分形态随便往上一放，而没有进行构成的设计。应该懂得书法与平面设计的关系不是拼凑的关系，对书法的个性风格、精神品质不了解，随便拿来一个就用，势必造成文不对题，内容与形式不能很好地统一。因此，在平面设计中应用书法，需要对设计意念很好地把握。

（七）文字与图形同构

文字与图形同构是对字的形与意产生联想，将形与意图形化。汉字本身来源于象形图符，对它进行与图形结合的构思并不困难。人们发现许多物体与文字之间有视觉形态联系，这为设计字体提供了许多新的创作源泉。在进行文字与图形同构时，要将实物形的特征与字形的特征巧妙有趣地结合，保留文字的特征和笔画特征；要取其意，选择一个图形与文字结合达到视觉联系，还要取其形，通过有效的演变暗示一种巧妙的替换。

字母虽然不是象形文字，但也可以通过它的外形特征和生活中形状相似的物体同构，这需要与字母所要传达的意思相吻合，才能使字母与图形同构产生意义。趣味不是空洞的，而是和内在含义相联系的，这样人们的联想才能达到创意的目标。下面是同构的形式手段：

1. 同质同构

同质同构是指文字的含义与图形质感有所联系，或和文字的含义所相关的工具有所结合。

2. 异质同构

异质同构是指图形与文字外形质感不同，而含义相同。

3. 形似同构

就是指文字的外形特征像图形的外形特征。

4. 意似同构

就是指文字的内在含义与图形有暗示的意思。

将文字与图形同构应用在平面设计中，能增强对所传达信息的理解和视觉情趣，渲染画面气氛，使设计具有文字与图形相换的读解快乐，帮助视觉形象记忆深刻。

(八) 对民间字体的借鉴

民间字体历史悠久，是广大劳动人民出于对美好生活的向往，将吉祥图案与文字结合而产生的，具有很强的装饰性。它的产生和民间的生活、宗教、商贸有密切的联系，是民俗文化艺术一颗璀璨的明珠。民间字体由于是劳动人民在生活中积累和发现的，所以内容与生活周围的动物植物有关联，其内容有花、鸟、鱼、虫、五谷蔬菜，都是象征吉祥喜庆、丰收生殖等寓意的。

民间字体的表现形式和手段有：民间木版年画、民间剪纸、民间刺绣、瓦当、钱币字、板书、百字图等，花样繁多，形式丰富。

民间木版年画、民间刺绣、铜洗文字等，无论它们表现什么样的内容，其寓意与形式都有相似之处，如文字的边缘用花边装饰，文字的笔画用花卉、动物、八宝等图案填充，文字的某一局部笔画用动物或花果替换，两三个文字共用一个笔画等。钱币字、百字图、瓦当、板书等在形式上也有相似之处，如文字多数采用大篆、小篆，文字适合在圆形或方形之中，文字某些局部笔画用动物或花果替换等，其文字形态有具象形态也有意象形态，还有抽象几何形的。

在平面设计中借鉴与运用民间文字也是比较广泛的。在快速发展的现代社会中，机械与冷漠及全球化的视觉符号包围着人们，一方面，在现代平面设计中加入带有浓厚情感的民间文字，会令人感到历史的延续、古朴的情怀和人文的关爱，另一方面也会促进民族化与国际化的交融，体现出富有传统文化底蕴的现代设计风格。

第二节　图形与平面设计艺术

相对于色彩来说，图形更具有直观性，传达的信息和给人的刺激比较直接，更有助于设计目的的实现。因此在设计作品中，图形的作用是显而易见的，好的图形对于创造好的作品至关重要。

图形也叫形象，是事物的相貌，即是能引起人的思想或感情活动的具体形状。而从图形所给人们带来的心理感受角度讲，更多地用“形态”一词。

根据《辞海》中所述：“形”为①形象、形体；②形状、样子；③势。“形态”为①形状和神态；②词的形式变化。现在“形”主要指物体的形象、形体、形状、样子及型等，相当于“Shape”，表示个别和特定的形。“形态”主要是指形状和神态，相当于“Form”，比“形”有更广的含义。

一、图形的基本因素

图形是一个整体的、有内涵的、有意识创造出的信息视觉符号。图形的因素有形、形状、形态，其中形态是图形结构重要的因素，形态有具象形态与抽象形态两种。图形创意的造型形式有具象、意象和抽象三种，具象形为自然形态，是图形对自然形态的概括与提炼，其造型是尊重自然形态的；意象形是对自然形态的内在气质及造型的表现，取其意而忘其形；抽象形是指运用点、线、面变化形式构成的非具象形。以上三种图形造型形式都来源于视觉传达内容与审美形式的需要。

在研究图形创意之前先探讨形态的结构分类。具象形为现实形态类，也就是人物、动物和植物等一切现实世界中的真实事物。最初人类对自然形态进行模仿是非常有价值的，也是非常必要的，因为可以从自然形态中发现里面的内涵，而且根据经验，人们容易读懂和理解。

概念形态是由抽象的点、线、面等几何形构成的，具有理性的秩序性，造型的形式感强。抽象形具有不确定性，给人的想象空间很大，它虽然没有直接的含义，但是同样可以传达一定的信息。它具有现代感，也是现代图形常用的形式。另外，在图形创意中可以将抽象与具象合用，产生似与不似的幻觉形式感。

整体构成图形特征是非常重要的。整体构成的概念不是简单的各部分的总和，不是某种东西加某种东西，不是数字的积累，而是质的变化，它会产生新的事物形象，也就是会产生视觉形象新感受。当你在纸上画一个点时和画出一百个点时是不一样的，这不只是数量的增多，它的视觉含义也发生了变化。所以形与形之间的关系会产生形态的特征，这些形态特征就构成了图形的视觉形式语言。

二、图形形态的分类

(一) 基本形态与派生形态

基本形态是自然物质形态，如人物、动物和植物；派生形态是以基本形态加以设计意念产生的形态，物体的基本形态被打散又重新组合，产生了新的视觉形象。

(二) 稳定形态与运动形态

稳定形态是相对不动的视觉形态，有方形、圆形和三角形；运动形态是具有视觉动感的形态，有水的流线形、火焰运动形、云彩的运动形、舞蹈姿态和蛇的扭动等。无论是稳定形态还是运动形态，都会对艺术设计创意思维有很大的启迪。

(三) 明显形态与隐藏形态

明显形态的轮廓形象比较清楚明确。而隐藏形态是不太好辨认，但又存在于图形之中，具有抽象构成因素的形态，也是视觉设计的重要因素之一，它可以使形态具有丰富的视觉内涵，所谓形态张力、运动感、节奏感、韵律感都和抽象构成因素有直接关系。

(四) 平面形态与空间形态

平面形态是二维空间下的平面形态变化，它注重形象的轮廓边缘；空间形态指的是三维空间下的立体形态的变化。研究它们之间的互换关系是从事视觉形象艺术始终的事业。它们之间会发生许多有趣的视觉游戏。将立体的事物转换到平面上去就会出现虚拟空间，利用虚拟空间创造出矛盾空间，使得空间在平面的纸上产生戏剧性的变化，空间的概念被扩展了。

(五) 有意识形态与无意识形态

这里谈到的形态不是自然状态下的形态，自然状态是不以人的意识发生变化的，也就无所谓有意识还是无意识。有意识的形态是人为创造的形态，是人类的造型活动，当然对造型而言是有目的的，但这里包含着有意识和无意识的形态产生过程。有意识形态是通过意识把握形态的各种可能性，无意识形态是无目的、无秩序、信手涂抹产生的形态，它可以对有目的的创意形象给予很多启发，使形态更加生动，产生了意想不到的新意。

(六) 单一形态与复合形态

单一形态是指一个点、一条线、一个三角形等，复合形态是由多种单一形态组合成的比较复杂的形态。

三、点、线、面三元素

(一) 点

几何上的点只有位置而没有形状和大小，造型上的点既有形状又有大小，典型的点是圆形 (或球形)，圆点具有位置与大小，其他形式的点除具有位置与大小之外，还具有方向，比如三角形的点："△"。越小的形体，越能给人以点的感觉；点越大，越有面的感觉。圆形的点丰满，方形的点庄重，三角形的点体现安定，不定形的点体现活跃。明度高的色点有扩张感和轻盈感，明度低的色点有重量感和收缩感，纯度高的暖色点有前进感，纯度低的冷色点有后退感。

点在空间起标明位置的作用，能吸引人的视线。两个点，两点之间产生相互吸引力，有线的感觉，形成消极的线。大小相等的两点相互作用相等，表现为静止或摆动；大小不等的两点，当距离不同时将产生不同程度的动力感和空间感，表现为小点向大点靠拢，视线向小点流动，有近大远小的视觉效果。设计时要注意点的位置、大小，点和形的关系等。

(二)线

点移动形成线。几何上的线只有长度和方向，而没有厚度和宽度，视觉上的线则是可直接感知的宽度比长度小得多的形体。面的转折和分界处有线的感觉，形成消极的线。在平面图形里，线常因描绘工具和方法的不同而产生不同的效果。线有形状、位置、大小、方向、色彩、肌理等。

线的粗细：粗线有力、肯定、强壮、顽固，细线锐利、纤细、有速度感。线的粗细也可产生远近关系，感觉上粗线前进，细线后退。锯齿状直线给人不安定、焦急感。

线的浓淡：若线的粗细和长度一定，则深色的线前进，淡色的线后退。线的粗细、线的间隔与线的浓淡都可表现出强烈的远近感与立体感。

曲线给人以温和、柔软、丰满、动感和女性化。几何曲线有理智的明快感，双曲线富有对称美和双向流动感，抛物线有流动的速度感、流畅感；圆、椭圆给人饱满的感觉。自由曲线表现奔放、丰富的动感。直线一般使人感到严格、坚硬、明快、男性化。

垂直线表示上升、高尚、权威、严肃、端正、敬仰之感、崇高挺拔之感，高傲、孤独、无助。水平线有安定、永久、平稳、舒展、庄重之感。斜线有活泼、不安定、惊险、倾倒之感，生动活泼，有深度感。

(三)面

线移动成面，面在二维图形上表现为形状，在三维空间中即为有一定形状的板材。

无论用线描绘出来的，或是用色块涂出来的，还是用背景区分出来的，面的决定性要素是其“轮廓线”。

曲线面有柔软、温和、富有弹性感和动感。直线面有平整、光滑、简洁之感，直线形的形状若以垂直和水平线组成，则有安全、坚实感。以斜线组成的面有强烈的动感。几何曲线的面具有整齐的秩序感，虚线构成的面优雅、柔软，偶然形面朴实、自然。

四、图形想象及意识

人类生存在这个世界上是有意识进行活动的，有意识的活动才改变和创造了这个世界，有意识的活动才体现了人类存在的价值。想象是在意识中产生的，当然人的意识有主动意识和非主动意识，无论是主动意识还是非主动意识都是造成想象的因素。想象和意识在艺术作品的创作中是不分先后连续发生的过程。主动意识在某种意义上说理性成分多，是经过判断、逻辑分析所得到的行为思考，称之为主动意识。人类同样存在非主动意识，即下意识、潜意识等。

图形在活动过程中常常产生偶然性，这无设定性出现了偶然就应有必然的、有意识的行为控制，使这一偶然得到必然的发挥，所以在人的创造性行为中必然和偶然是交替产生的。

想象是在主动意识和非主动意识的行动中产生的，反过来想象又可以建立新的意识行为。人的想象和意识与人的知识及经验积累有关系，与对事物的认知多少以及阅历是否丰富都有着密切的关系，所以每个人想象的指向范围也不一样。图形想象是意识发展到一定阶段的产物，是人类的自我意识走向成熟的重要标志，人的意识、想象与自然相碰撞，出现精神超越的火花，并借某种具体的形式表现出来，图形才得以诞生。从这个意义上说，图形是一种现实与非现实之间自由而有意识的思维翱翔，是想象和现实有意识与无意识混杂的心理交织的结果，积极主动的想象因素是图形创意的基本特质。图形创意仅仅关系着两种动力，即想象力与感受力。想象是图形创意的重要因素之一，如果图形创意没有了想象，图形就不能称之为创意，图形也就苍白无力，更不可能寄托着人类的精神超越现实的理想。在想象中建立自我意识，在意识中发挥更丰富的想象，把很多的想法与复杂的考虑交融在一起，就会形成它的原则。图形的想象是无限度的，只是表现的形式有规则。任何一种艺术设计的表达方式都有其原则，但原则绝不会限制想象，只能扩展艺术设计语言形式，这样才能使人类的智慧达到一定的高峰，否则人类的文化不会有发展。

图形创意是“意”与“形”的结合。首先要根据平面设计所要传达的内容立“意”，即对所设计的对象进行理解、分析，用可感知的形象作为创意的素材进行思考整理，选择出具有内涵的象征意义的形象或符号，经过感性化的处理创意出符合设计理念的视觉化的形象，“形”的含义就得以体现。将所创意的图形用于平面设计中，与平面设计的理念相结合，形成完整的信息传达系统，有计划有步骤地利用平面视觉语言形式传播信息、图形在平面设计中真正实现了它的意义。

第三节　色彩与平面设计艺术

任何一件设计作品都离不开色彩，色彩是平面设计的三大要素之一。色彩在平面设计中的作用举足轻重。俗话说“远看颜色近看花”，观者对一件平面设计作品的第一印象往往是通过色彩而得到的，它起到先声夺人的作用。色彩给人感受最强烈，它在平面设计作品上有着特殊的诉求力，直接影响着作品情绪的表达，设计师必须懂得利用色彩来表达自己的设计思想。

一、色彩与心理

色彩对人的头脑和精神的影响力是客观存在的，如色彩的知觉力，色彩的辨别力，色彩的象征力及情感。

(一) 色彩的冷暖

外界物体通过表面色彩可以给人们或温暖或寒冷或凉爽的感觉，这是与人们对客观世界的经验分不开的。如阳光呈现出红、橙、黄等颜色，所以人们一看到红、橙、黄就联想到火热和烈日给人热的感受，故称“暖色”。当人们看到绿、青、蓝等颜色时会与寒冷相联系，如冰川、海洋、夜空、绿色的草地和树荫等，则绿、青、蓝称之为“冷色”。红色一般给人积极、跃动、温暖的感觉。蓝色给人宁静、消极的感觉。绿与紫色是中性色彩，视觉刺激小，效果介于红与蓝之间，中性色使人产生休憩、轻松的情绪，可以避免产生疲劳感。

当然，色彩的冷暖归属不能一概而论，在特殊环境下，色彩的冷暖感受会发生变化。

(二) 色彩的进退和胀缩

在白背景的衬托下，红与蓝，红色近而蓝色远。在灰背景的衬托下，白与黑，白色显大而黑色显小。为什么会引起上述感觉呢？其原因有以下三个方面。

(1) 光波的长短不同是由晶状体的调节作用引起的，所以长波长的暖色有前进感，短波长的冷色有后退感。

(2) 明度高的色彩光量多，色刺激大，高纯度的色彩刺激强。

(3) 背景的衬托关系也能产生色彩的进退和胀缩感觉。

因此得出结论：在色相方面，长波长的色相红、橙、黄给人以前进、膨胀的感觉，短波长的色相蓝、蓝绿、紫有后退收缩的感觉。在明度方面，明度高有前进或膨胀的感觉，明度低有后退收缩的感觉。在纯度方面，高纯度有前进或膨胀的感觉，低纯度有后退收缩的感觉。

(三) 色彩的轻重和软硬

等大的铁块和等大的石膏块，从视觉感受上两者的重量是不一样的。决定色彩轻重感觉的主要因素是明度，即明度高的色彩感觉轻，明度低的色彩感觉重。

在色相方面，色彩给人的轻重感觉为：暖色黄、橙、红给人的感觉轻，冷色蓝、绿、紫给人的感觉重。

感觉轻的色彩给人均软和有膨胀的感觉，感觉重的色彩给人均硬和有收缩的感觉。

(四) 色彩的艳丽与素雅

通常，人们感觉到颜色的艳丽和素雅，那么，究竟什么是决定色彩艳丽与素雅的主要因素呢？就色彩本身而论，由于单色与混合色或使用面积不同，人们的看法与感受也各不相同。一般认为，如果是单色，饱和度高则色彩艳丽，饱和度低则色彩素雅，当然，不仅仅是饱和度，亮度也有一定的关系，不论任何颜色，如果亮度高即使饱和度低也给人艳丽的感觉。

综上所述，色彩是否艳丽、素雅，取决于色彩的饱和度与亮度，其中亮度尤为关键，所以，高饱和度、高亮度的色彩给人的感觉艳丽。

混合色的艳丽与素雅取决于混合色中每一单色本身的特性及混合色各方的对比效果，而对比是决定色彩艳丽与素雅的重要条件。

（1）从色相方面看：暖色给人的感觉艳丽，冷色给人的感觉素雅。

（2）从明度方面看：明度高的色彩给人的感觉艳丽，明度低的色彩给人的感觉素雅。

（3）从纯度方面看：纯度高的色彩给人的感觉艳丽，纯度低的色彩给人的感觉素雅。

（4）从质感方面看：质地细密、有光泽给人艳丽的感觉，质地疏松、无光泽给人素雅的感觉。

（五）色彩的记忆性

人对色彩的记忆，由于年龄、性别、个性、职业、所受教育、自然环境及社会背景的不同，差别很大。一般来说，暖色系比冷色系的色彩记忆性强，原色比间色容易记忆，高纯度色彩记忆率高，明清色比暗清色容易记忆，华丽色调比朴素色调容易记忆，需要注意的是，背景不同记忆性的变化很大。暖色彩的纯色要比同色的高明度色彩记忆性高，而冷色系的纯色则与同色的高明度色彩记忆效果大致相同，色彩单纯、形态简单的要比色数多而形态复杂的容易记忆。

二、色彩的属性

我们所看到的色彩世界千差万别，几乎没有相同的，只要我们注意就能分辨出许多不同的颜色。尽管世界上的色彩千千万万，各不相同，但是人们发现，任何一个色彩（除无彩色外）都有明度、色相和纯度三个方面的性质。因此我们把明度，色相和纯度／饱和度称为色彩的三要素。

色彩的运用得宜也是平面设计中相当重要的一环。色彩是由色相、明度、纯度三个元素组成的。色相即为红、黄、绿、蓝、黑等不同的颜色；明度是指某一单色的明暗程度；纯度即单色色相的鲜艳度、饱和度，也称彩度。

（一）色相

色相指色彩的相貌，是区别不同色彩的名称，是指不同波长的光给人的不同的色彩感受。红、橙、黄、绿、青、蓝、紫等每个字都代表一类具体的色相，它们之间的差别就属于色相差别。

（二）纯度

纯度是指色彩的纯净程度，也可以说是指色彩的感觉明确及鲜灰程度，因此又有艳度、浓度、彩度、饱和度等说法。

黑、白、灰等无彩色光是波长最为复杂的光，纯度感、色相感消失，因此称为无彩色。

（三）明度

明度指色彩的明暗程度，对光源色来说，可以称为光度；对物体色来说，除了称为明度外还可以称为亮度、深浅程度等。明度是任何色彩都具有的属性。任何色彩关系都可以还原为明度关系来思考（素描、版画、黑白照片、黑白电视机等），明度关系可以说是搭配色彩的基础。明度最适合表现物体的立体感、进深感和空间感。

白颜料属于反射率极高的物质，加入白色可以提高混合色的反射率，也就是说提高了混合色的明度。混入白色越多，明度提高越多。黑颜料属于反射率极低的物质，加入黑色可以降低混合色的反射率，也就是说降低了混合色的明度。混入黑色越多，明度降低越多。

黑白之间可以形成许多明度台阶，实用的明度标准（如孟赛尔）把明度定为包括黑白在内的11级明度。

三、人对色彩的情感

关于色彩效果的研究，首先是人对色彩的好恶问题，每个人对色彩的感情不尽相同，或多或少存有差异，导致这种差异的主要原因是年龄、性别和种族等因素。

（一）年龄差异

随着年龄的增长，人们对于色彩的喜爱就会有自己的偏好和理解。研究发现，从儿童成长到成人，大多数人会从偏爱暖色变为偏爱冷色，也就是说，儿童偏爱红、橙、黄、黄绿等暖色系色彩，而成人偏爱绿、蓝、蓝紫等冷色系色彩。当然，这只是一般的规律，人是感情丰富而又复杂的高级动物，对色彩的喜爱有许多特殊性，不能说是一成不变的。

（二）性别差异

一般来说，男性喜爱的色彩大多是冷色、纯度较高的色彩，如黑色、灰色；女性则偏爱暖色、纯度较低的粉性色彩及白色。另外，男性喜欢的色彩大致相仿，色调集中；女性则因人而异，色调分散。

（三）种族差异

一个国家或一个民族对色彩的好恶是与其生活环境、社会文化、宗教信仰分不开的。不同国家对色彩的好恶有同有异，如中国：红、黄、蓝、天蓝、浅蓝；美国：淡黄、红、明灰、明蓝；法国：黑、白、灰、红、蓝、绿；德国：黑、白、天蓝、咖啡；菲律宾：淡黄、黄、金；印度：红、黄、蓝、绿；埃及：绿、红、黑、蓝、紫。

了解上述三项差异，在平面设计中对色彩的相对把握有一定的指导意义，设计的针对性会更强。当然，随着社会的发展，男绿、女红的色彩性别差距越来越小，出现了男性向女性化发展、女性向男性化发展的色彩爱好，又随着各国文化交流的日益频繁，种族、民族、地域造成的差别日益缩小。这对艺术设计工作者提出了更高的要求，要更加仔细地调研市场，才能更准确地设计出消费者喜爱的色彩，使色彩传达出准确的视觉信息。

四、色彩与形状

认识一个物体可以从物体与颜色两个方面入手，有的人以颜色为引导，有的人则以形状为着眼点。年龄、性别、兴趣等因素是导致这种差别的原因。夏赫测验是1920年瑞士精神病学家H.夏赫利用投影法发明的性格诊断法，又称墨迹测验，其测试工具是十张对称的墨水点画，其中五张无彩色，一张明灰色，一张灰色，其余三张是彩图。测试时让受试者逐页观看，解释画面的图形构成，测试者据此对受试者进行多方面的性格分析。

夏赫认为，对形状刺激反应敏感的人自我表现强烈，思想、感情多受自身抑制力左右，一般可分三个类型：形状—色彩反应型、色彩—形状反应型、色彩单纯反应型。

形状–色彩反应型，是以反应形状为主，色彩为辅，这种类型的人富于理智，不受情绪支配，对外界刺激具有正常的感受力，对环境具有良好的适应性。

色彩–形状反应型的人感情不稳定，容易有喜怒无常的情绪反应。

色彩单纯反应型的人往往以激烈的感情对待外来刺激，极易感情冲动。

总之，人类对外界物体的认识形式有色彩认识与形状认识两种类型，不同的认知形式反映一个人的性格与智力水平。

在20世纪初形成的物理、心理综合研究的时代背景下，德国心理学家考夫卡将电磁学中“场”的概念引进心理学科，认为人本身就是一个“心理–物理场”，知觉也是一个物场。这一学派认为，色彩的形态与动感可由其自身语言所唤起的鉴赏者大脑皮层的场效应引起，而并非是依附一定的形以静态存在着。以“力”的概念来解释色彩，以“方向性张力”并借助幻觉来阐述他们认为是静态与动态的色彩关系，分析出不同色彩自身特有的形态感，即色彩的形貌论。这一观点中最具代表性的是瑞士色彩学家伊顿的见解：

红色——正方形，红色的强烈、充实与正方形所显示的庄重、安定感相关联。

黄色——三角形，黄色的敏锐、活跃与锐角三角形所显示的进取、锐利感相关联。

蓝色——圆形，蓝色的轻快、柔和与圆形所显示的移动、流畅感相关联。

橙色——长方形，橙色的跳跃、积极与长方形的稳定感觉相关联。

绿色——六角形，绿色的自然与六角形的钝角感觉相关联。

紫色——椭圆形，紫色的微弱、纤细与椭圆的无角感觉相关联。

色彩的属性及形貌与表状有着“力”的感受。康定斯基对此也有深入的研究。他认为，黄色的“力”是离心的，青色的“力”是向心的，红色的“力”是稳定的，又认为色彩所具有的“力”也可以用一定的线和多种角度来表示，黑和青是水平线，白和黄是垂直线，灰、绿、红是斜线，并按照各色相自身的“力”的形貌感，扩展成以不同的角度来表现色彩的性格。

五、流行与色彩

(一) 影响人对色彩好恶的各种因素

流行色常被用于人们的日常用具、服饰、公共设施、包装和广告等。流行色一般有两类：一类为公共设施的色彩：一类为个人使用，能反映个人爱好的色彩。

广义地说，上述两类流行色都反映人对色彩的感情，个人感情能够影响公共设施的色彩，公共设施的色彩对人的色彩好恶产生反作用。现在的世界成了色彩的世界，汽车是粉绿色的、橙黄色的、天蓝色的，多数商店及街头的各类标志、广告都是鲜艳的五颜六色，受这一趋势的影响，服装、书籍、包装等色彩也越来越鲜艳。

所谓流行，应从狭义和广义两方面以及它们的连续性来考虑。狭义流行是指少数人的嗜好导致的短暂流行，少数人的嗜好逐渐波及千家万户，融入人们的日常生活形成了习惯，这种习惯一旦被后人世代继承便成为传统。流行是一种复杂的社会现象，必须把狭义流行和广义流行视为一个彼此相关、密切联系的有机整体。

狭义流行除受可变因素影响外，一般也无法摆脱特定的民族传统、地域气候和风土人情的制约。

(二) 流行色的产生原因

探讨流行色，必须充分了解流行色产生的地区气候和民族历史等因素。一个民族的历史及所处地区的地理环境绝非一朝一夕所形成，它们深深影响着人的心理，除此之外，年龄、性别、教养等因素更是微妙地影响流行色周期性地产生。

关于流行色周期性的产生，据美国色彩设计学家培廉对美国家具市场流行色周期的调查，绿色、咖啡色和红色、蓝色两组色彩基本上以十年为一周期，反复循环。

在影响流行色的诸因素中，首先是年龄、性别。在商场的婴幼儿柜台里，白、黄、粉红、淡黄等颜色的商品占多数，因为婴幼儿喜爱高饱和度、高亮度的纯色以及轻快的色调，低龄儿童喜爱纯色，年龄稍大一些的儿童喜爱混合色。

就色调分析，人们喜爱的色调一般随年龄增长由暖色系的长波长向短波长转化。要注意到人们色彩好恶的变化规律，不断根据商品的不同服务对象，分别推出相应的色彩。选择流行色必须全面考虑色彩的三要素——色调、亮度、饱和度，从这个意义上讲，流行色的选择范围十分有限。

所谓流行，前提是被广大群众所接受，不过，有些“流行”并不影响所有的人，只是被某一特定领域所接受。当然，在这一领域部分人的倡导、影响下，会形成社会部分潮流，导致这种流行的心理基础是模仿名流行为及从众心理。

艺术设计需要关注流行，它能给设计师在设计工作中带来很大的启发，利用社会流行心理可以使色彩更积极主动地参与商业活动。当然，艺术设计最终是要体现个性的，仅仅关注流行是不够的，要正确处理好流行与个性的关系，这样才能设计出消费者喜欢的作品。

第九章　平面构成艺术原理与应用

在平面设计中，构成是将两个或两个以上的设计元素组合在一起，按照一定的美的形式法则和秩序，在二维的平面内，创造出全新的、理想的形象。平面构成是一种基础的造型活动，是一门研究形态创造方法的基础学科，它的活动过程就是从组合到分解再到组合的一种过程。

构成与设计是有区别的，从带有明确设计目的的平面设计作品与纯粹的平面构成设计训练的比较中不难看出：设计是现实性的，以实用为目的，而构成是理想化的美的创造，是理论在形式上的实践，构成不受设计内容的约束，也不受工艺特性的限制，它属于美学形式探讨的范围。但二者在形态构成的美学原则与基础构成原理上是完全一致的。因此，对构成美学规律的把握是至关重要的。虽然构成训练的各种课题不具备明确的设计方向，但是构成对造型要素、形成原理、构成法则及对立体感、空间感、技法、材料的表现等美感的研究足以使各种作品走进广义的设计领域，同时它还具备趣味性和设计的意味。

第一节　平面构成艺术的基本技巧

一、立体空间与矛盾空间构成技巧

我们对物体的感知更多来源于视觉感知，当形体通过眼睛被感知并传达到大脑中枢神经系统时，我们就看到了物象。由于形体间色彩、形状、材质诸元素的差异，因此被感知的形体也存在着各自形态上的不同。

(一) 立体空间的构成

平面设计中的空间是虚拟的空间，是通过利用各种形的组合、加工将客观物质世界中空间的形象（包括形、空间）转化为二维平面的具有视幻性质的画面上来。空间的视觉设计应着重于加强画面的进深感的表现来体现虚拟空间的真实性。

空间表现离不开形态与形态之间的构架，是通过点、线、面等元素在构成活动过程中利用人眼通过错觉而产生的虚幻的空间效应。这种虚拟空间可以创造出各种具有平面性、视幻性与矛盾性的虚与实的神奇视幻效果。

1. 立体感的表现

利用透视法是立体感表现最有效的方法，包括等角透视、焦点透视、成角透视等。当我们要表现物象的立体感时，可以利用放射线的集中感或利用平行线方向的改变表现透视。视觉经验告诉我们，物体在人们视觉中能产生近大远小的变化，在平面构成中，我们可以利用形的大小的变化，线条长短、粗细变化及形的疏密关系来表现形象的远近、光影的强弱和画面的起伏变化等空间效果。

利用线的排列方向变化及疏密做成曲面，利用格子的歪曲，使某一部分扭曲，也可产生立体感，利用光影的渐次变化和色彩的特性能产生视觉空间的效果。

2. 进深感的表现

近大远小的透视规律使得平面中有大小差别的图形能产生空间的进深感觉。在进行深度创造时，可利用形态间近清晰远模糊的变化规律来表达远近，也可利用重叠形的覆盖效果取得前后、上下的空间变化；大小的对比、长短的对比、阴影效果及肌理的变化也能给人以空间的幻觉。还可以利用色彩的冷暖、远近关系来表达深度层次变化。

3. 透明感的表现

通过透明物能看到自身整体的结构形态，也能通过透明物体看到下层物体的完整形象。重叠的双方都必须被看到，如果重叠的部分形成新的形而成为透叠关系时，这两个形的前后空间关系是不明确的暧昧关系，只有在两个形具备了明暗调子或色彩关系时，才能产生具有远近层次而又有透明感的视幻图形效果。

（二）视错觉现象与矛盾空间

错视是人眼在观察形与物体时由于受到各种制约因素（如环境光线阴暗、色彩方向等）的限制而产生的，使视知觉具有主观认识和错误判断的视觉现象。错视使我们所看到的视觉现象与客观存在的事实产生矛盾，形成了误差。错视总是伴随着人眼对形态的观察而产生的，在造型设计中，应在对错视现象理解的基础上去研究和掌握错视的规律性，利用错视的原理去创造具有视觉美感的设计作品。

构成中错视的表现是由多种构成因素形成的。错视的产生存在于形与形的相互比较之中。错视的图形效果主要表现为以下几种现象：

1. 对比错视现象

对比错视就是通过比较突出形体特征。使得视觉对形体在长短、方向、面积、角度等方面与形自身真实的现象产生差异。

2. 长度错视

长度相等的线段，由于所处环境或有干扰因素存在，使人感觉长短不一，发生误差。

3. 面积错视

面积相同的图形，由于形状、色彩（明度影响最大）、方向、位置的影响，产生了面积并不相同的视觉联想。同等大的形，受近大远小规律的影响，由于所处空间位置的不同及环境的影响而产生大小不同的错视。

4. 角度与弧度错视

相同的角度和弧度由于周围诱导因素的不同，看起来并不相等。

5. 平行线压缩

许多直线排列成正方形，与平行线垂直的方向会有伸长的感觉。

视觉的认识与真实的形不符时会对成形的错觉。简单来讲有两个方面：①形态的扭曲，由于位置、角度等相关因素的影响和干扰，使视觉印象发生变化，导致形状发生不同程度的扭曲现象；②由于图形自身或其他线型的外来干扰或互相干扰导致形状的变化或动感的产生，如旋转图形。

由于观察者的视觉判断点的不同，使图形和背景、图形局部与整体之间显现出矛盾反转的现象，即反转的错视。正倒共存图形由于观察角度不同，图形随视点的移动从上面看下来或从下看上去都可成立。远近反转图形，这种图形也称为“可逆性图形”，由于视觉对图形空间深度有着不同的理解，所以看上去图形时而凹进去，时而凸出来，两种形象交替出现。图底反转即图与底利用共用线组合在一起，随着视觉注意力的转换，图与底意义也随之转换，原先的图隐为底，原先的底呈现为图。

共用线是图底反转的关键。图底反转就是利用图形的公共轮廓线造成了图与底之间前后空间关系的模棱两可和主次难辨。图底反转的产生由于视觉注意力受周围环境的影响，当底具备了图的条件时，便会由图转向底。也就是说，当图与底具备了同样强烈的视觉印象时，它们之间存在的对比关系被削弱或消失，使得图与底相交的公共轮廓就阴阳扣合而交替出现。最具代表性的是心理学家鲁宾《奇怪的杯》，极为经典地反映了图与底的反转错视现象，这是杯子与人脸之间的图底反转图形。当我们视觉注意力在黑形部分时看到是一只杯子形象。注意力转到空白处，画面又转化成相对的两张人脸。这时，图像的主客体关系开始互变，图底转换。图与底的面积相等易造成图底反转，也可利用图底反转，在同一图形表现中表现两种不同的图形，来传达一个双重意向的信息。利用图底反转错视的表现手段能给作品带来无比生动的动感和情趣，也能创造出一个变化莫测的视觉空间，给观者一个奇妙的心理感受及神秘感。

矛盾空间实际上也是视幻空间的一部分，矛盾空间表达的图形在平面中可以表现出来，但在真实的客观世界中是不可能存在的，它是利用视觉心理产生的幻象效果来作为艺术设计的一种表现形式，是一种非现实的、想象的心理空间表现。矛盾空间的表现通常利用观察视点的转移来实现。

矛盾空间利用多视角、多视点等多种透视法的复合来创造构成出理想的图形，这种构成效果突出几种不同的空间系统的矛盾构架，单独分开来看，每个简化的几何形体都具有自己特定的方向和定向，显得很正常；综合起来却是现实中不存在的，然而又是清晰可辨的形象。由于观察角度的改变，形态也随之改变，矛盾空间使原本是静态的实在的形体产生前后、上下、凹凸交替显现的变换效果，使得立体和空间的表达变得异常丰富和奇特，这种图形构成变化多端，内涵丰富既矛盾又看似合理，具有一定的情趣，这种反常规的不可思议的图形能启发思维想象能力。

荷兰现代艺术大师埃舍尔在创造形体矛盾方面有着杰出的成就，他的作品令人信服地展现了一个巧妙而又合理的视觉空间，艺术地再现了客观世界中无穷无尽的运动和相互变换。通过严密的理性思维与非凡想象力的结合，创造性地表现了形态间的虚实共存互换，平面与立体的空间转化及一种形象向另一种形象过渡变换的写实性交错语言的创造，制造了二维与三维空间的递进与连接，利用线条、明暗、虚实、透叠等手法，在平面上制造空间，极大地丰富了设计语言的表现力。矛盾空间的获取方法有：①共用面将两个不同视点的立体构成或图形通过一个共用面有机地连接起来，形成一个既可仰视又可俯视的令人捉摸不定的空间结构；②矛盾连接利用直线、折线或曲线将不同的形体与对方相连接，互相利用共用线，构成一个矛盾的空间关系；③反透视法就是改变正常的透视规律，有意识地运用近小远大、近虚远实的反透视方法构成矛盾空间。

二、创造方法

(一) 分割构成法

平面构成的构成方法里，把一个限定的空间划分为若干形态，形成新的整体。这些形象中没有底图的关系。通过分割方法，画面产生有序与无序的美感，而这些方法都是前人多年总结的美学经验。

等形分割的形态通过分割之后，几个形象均为单位相等、面积相等。经典图例如太极图。

等量分割后的几个形象在面积、形状上均为相同，但在位置排列上相互转化，使造型富于变化，让人得到均衡的安定感。

渐变分割指的是分割线与分割线之间的距离按照数列的递增或者递减的模式进行，形成垂直、水平或者波纹和旋涡等形状来分割出新的形象，出现一种具有速度感和量感的视觉效果。

数理分割是按一定的数列因素、模数因素进行形的分割的造型手法，构成具有数理美、秩序美的图形。造型思维方法：逻辑推理思维方法的演绎，在数理中寻求创意。等差数列、等比数列、费波纳齐数列、模数分割、自创数列。

等差数列：加法关系，数列相隔的差极是相同的数字。

例如，数列：1、3、5、7、9，它们之间的等值差数为2，即1+2=3；3+2=5；5+2=7以此类推的差级数字。在构成中点、线、面的大小、宽度、位置、色彩以这种等差比例而制作，具有秩序的美感。其最终的效果特点为渐变的韵律。

等比数列：乘法关系，数列中的每个数均乘上相同的数字。例如：5、10、20、40、80的数列，则是每个数字均乘以2所得。而应用等比的视觉效果在变化上具有强烈的对比且具有规律性，倍数越大，其效果越夸张。

费波纳齐数列：A+A=B；A+B=C；B+C=D；C+D=E长度。这种方式其数列关系比较紧凑，在视觉应用中给人比较舒适的渐变效果，其特点是极数变化适中，是较为常用的数理分割方式。

模数分割中的模数单位形有正方形、黄金矩形、三角形等。其特点是形的扩展有一定的模数依据。

(二) 群化构成法

群化也是艺术设计中的专业词汇之一，它从属于重复构成的一种，简单来讲，群化就是把最简单的基本形根据需要进行重复摆放，其方法不受任何限制，方法有重叠、添加、平行、旋转、对称、放射、变换、镜映等，纯粹是为了体现基本形组合之后达到一种美感的目的。群化后的基本形象饱满，视觉吸引力强，具有一定的目的性和明确的方向性特点。在制作时，我们应该注意，群化是基本形重复构成的一种特殊表现形式，它不像一般重复构成那样四面连续发展，而具有独立存在的意义。因此，它可作为标志、标识、符号等设计的一种设计手段。基本形的群化构成，是一种精练、有力的设计手段，设计效果具有符号性的特点，因此，掌握群化构成的方法和设计规律是非常实用的。

群化构成的基本要领有如下几点：

(1) 群化构成要求简练、醒目，设计基本形的时候数量不宜太多、太复杂。基本形的群化构成要紧凑、严密，相互之间可以交错、重叠和透叠。

(2) 注重构图中的平衡和稳定。

(3) 基本形要简练、概括，避免琐碎。

(4) 群化图形的构成要完美、美观，应注重外形的整体效果。

基本形群化构成形式：基本形的平行对称排列；基本形的对称或旋转放射排列；多方向的自由排列。

还可以根据分割方式然后再进行群化组合成为新的形态，这也是一种构成方式，同样能够得到群化后的视觉效果。

有两个以上相同的基本形集中排列在一起并互相发生联系的时候，才可构成群化；基本形的特征必须具有共同元素才能产生同一性而形成群化；基本形排列必须有规律性和一致性，才能使图形产生连续性和构成群化。

第二节　平面构成艺术的主要类型及应用

一、平面构成艺术的主要类型

平面构成是按照一定的秩序和规律将既有的形态(自然形态和人为形态)进行分解组合，从而构成新形态的组合形式。根据这一概念，任何形态，包括自然形态、抽象形态和几何形态，都可以进行构成，因而在平面构成中，也就有所谓的自然形态平面构成、抽象形态平面构成和纯形态构成等形式。其具体的构成方法有自然形的分解组合、形的增殖构成、形的发想与借用、形的渐变、放射和特异，等等。

(一) 自然形态的组成

自然形态的构成主要是以自然本体物象为基础的构成。这种构成方法保持着物象的固有面貌和基本特征，通过分割、组合、排列而重新成为一个“物象”的整体。

(二) 抽象形态的构成

抽象是指把自然物象进行变形或分解，然后重新组合为新的形象，是从具体事物中抽取出来的、相对独立的各个方面，包括属性、关系、形象。

抽象形态虽然不表现具体形象，但它是从具象中抽取某些部分上升为美的观念再加以展现的。这种构成是以物象的特征为因素，以物象的固有形式为依据进行的理念化“变形”处理，并以此创造新形态。

抽象的形和色在某种条件下更能触动人的感情和知觉，而且能比具象形态更便捷、更容易、更深刻地表达人的感受，如刚与柔、动与静等都能通过抽象形态简洁地表达出来，并能给人更多的感受。抽象形的存在不是重复已有的形态，而是通过感觉从无形到有形。抽象本身并不说明什么，也无任何意义，它是通过组合来传达思维的。色彩离开具象也是抽象。抽象是思维的概括，因此也就更深刻。抽象不是模拟，而是创造。

(三) 纯形态构成

纯形态构成实际上是抽象形态构成的一部分，是以几何形为基础的构成，它是平面构成中的主要研究对象，其构成形式也是平面构成中的基础内容，主要以点、线、面等构成元素进行几何形态的多种组合。这种构成分规律性和非规律性两种，如重复、渐变、放射等形式的构成是通过规律性组合来完成的，而结集、对比、肌理等则是通过非规律性组合来表现的。每种构成形式都会给人不同的视觉感受，如光感、速度感、疏密变化等。

1. 点

点是相对较小而集中的形。现实中的点有大有小，也有形状。画面中不同形状的点能带给人不同的形态感受。

点在画面中有集中视线、紧缩空间、引起注意的功能。在造型设计中，点常用来表现和强调节奏感。

在平面构成中，点的概念是相对的，它是在对比中存在的。如璀璨的星空布满了小的亮点，但是我们看到的“星星点点”实际上比地球大得多。

(1) 点的心理特征。单点具有聚合、集中注意力的心理特征。

当单点位于平面或空间中心时，既引人注目又具视觉安稳感。

单点处于左右对称状态，如果位置上移，有下坠感；反之，有踏实的安定感。

单点处于左上或右上时，具有强烈的不稳定性，但在空间中具有加强动感，改变空间的视觉效果。

两个点距离较远时有相互吸引感，反之则具有相互排斥感。

多点排列产生虚面的感觉，并且根据不同的排列方式有着不同的心理效应。如有规则排列，具有稳定和秩序感；无规则排列，具有一定动感。

在同一界面中大小两点排列，小点会被大的吸引，注意视线会按照从大点到小点的顺序进行。

（2）点的错视现象。点的错视现象是人们眼睛看事物所带来的差异。同样的点，处在不同的环境下会产生不同的错视现象。两个相切的圆在视觉上感觉要大些，因此在字体设计中，当有圆点出现时，圆点要相对缩小一点；当同一图形中，尖角的角度越小时，这种错视现象的误差越小，当尖角的角度越大时，这种错角现象误差越大。

（3）点的构成方法。我们在做点的构成训练时，最好先从简单的形态着手，这样便于集中精力理解形态要素的特征及多种构成方法，由单一的要素构成训练，逐渐到多种要素的复合训练，最后到具象形态的训练。

①等间隔构成法。这种等间隔的排列优点是井然有序，有一定的秩序美感；缺点是缺少个性，不太适合表现印象极强的画面，视觉效果比较平淡、呆板。

改善的方法：

在间隔不变的情况下，改变一些点的形状，克服其呆板性。

如果不是圆点，便可以改变点的方向，克服其平淡感。

在间隔不变时，可改变点的大小及色彩，达到美好的视觉效果。

②有计划性间隔构成法。这种构成法可产生动感和立体感。它的变化是在数理的基础上产生的。优点是有一种秩序的精细感；缺点是如果创造不好，就会产生呆板的视觉效果。

改善的方法：

单元变化只有一个变化因素，能创造出明暗感和立体感。

双元变化有两个变化因素，能使画面具有生动感。

三元变化使画面更为生动活泼。

四元或多元变化能使画面产生丰富生动的感觉，但控制不到位就会使画面缺乏主次，显得杂乱无章。

2. 线

（1）线的特征结构图例。线的特征决定了线在画面中给人不同的心理感受。

并行整齐排列组合的线给人静止的感受，如果到达一定的面积时，我们的视觉感会产生膨胀的视觉效果，在视错觉的影响下，此时的空间会比原空间看起来略大一些，这种长直线的排列带给人的视觉感是使原有的空间更加纵长。这个规律在我们的日常应用上比如马路上的公交车的车身，都用排列的长线作装饰，可以使车身显得更长。但是如果纵向排列，则给人的视错觉是与横向排列相反，纵向的线条排列会给人压缩空间和延长的感受，在服装面料上，纵向的装饰线穿在人身上比横向装饰线更显苗条和消瘦。

线条的错视觉还体现在生活中，我们曾经做过这样一个实验，就是把筷子的一半放入水中，此时由于光的折射原理，筷子像被水折断了一样。如今，我们可以利用这种视错觉制作出平面构成作品再现光的折射原理，让线在平面空间中产生立体的联想效果。

线既然是点移动的轨迹，那么点的疏密排列成一行造成的线也会给人虚实的印象。在这里，把点的运动轨迹保留下来，以疏密大小的形式排列组织在一幅画面中，就形成了一定的虚实空间感。线的虚实除了点移动轨迹的疏密、大小造成，还可以以灰色与黑色的对比来表达虚实与远近的空间效果，我们可以把黑色的线看成是实线、把灰色的线看成是虚线，当然点线在这里也是虚线的一种，形式与状态混搭造成律动的虚实。曲线如水，还是水如曲线，这是一个哲学命题。当我们看到波光粼粼闪动的湖面，想象波涛汹涌起伏的海洋，跃然纸上的抽象画作都是曲线的画面，曲线富于变化的感觉让我们的视觉感觉灵动与舒适，它如同释放了我们的心灵，解放了我们被束缚的灵魂般，让我们能肆意挥洒灵感，充分想象。这可能还是要追溯于我们是动物这样一个根本，人类自身就是流线型，而并非刻板的直线，万事万物没有绝对的直线存在，它们只是相对地存在于我们的生活当中，而那些我们眼中绝对的直线也都是人工造就的结果，是依据工业化产品的需要而幻化而来，存在于我们的日常生活中的。重复起伏的曲线排列又似水的纹理，又似中国建筑中琉璃瓦的屋顶，由细到粗给人以延绵不绝之感。随意随性的曲线，确实能给人天马行空的视觉效果，给人以轻松、松弛、快乐的心理感受。

(2) 线元素的现实形态参照。现实形态中线元素的例子比比皆是，无论是人工形态还是自然形态，我们都能从这些线的排列中感受到不一样的视觉美感。鹦鹉螺被设计界普遍关注。冬日里大树的枝干，苍劲有力的线条交错复杂，粗壮的树干、树技、枝丫形成一组具有层次的粗细线条组合，形式美感非常强烈；夜晚灿烂的烟花发射到天空的一瞬间，好似茫茫的黑夜开放的花朵，虽昙花一现也耀眼无比；鸟类的巢实际上是自然界经典的建筑，繁根错结的杂草窝成一个圆形，这也就是2008北京奥运会“鸟巢”建筑的设计来源；人工形态中线元素应用常见于建筑类，建筑中线条长短不一，层峦叠嶂，具有层次感的线条组合，带给人以无限的空间遐想；斑马皮毛纹理是设计师经常用来使用的装饰纹理，可见这种线条的排列方式和美感是最自然最经典的；孔雀的尾羽的线条美感性众所周知；夜空中的闪电的线条魅力让许多摄影爱好者趋之若鹜。看过这些有关线构成的图片，我们不禁感叹于造物的神奇与美丽。

3. 面

面是线移动的轨迹，是相对于点而言较大的形态。通常在视觉上，因为点的扩大和线的宽度增加都会形成面、面给人最重要的感觉是具有充实感。

平面构成中的面总是以形的特征出现，因此，我们总是把具体的面称为形。面在构成中分为三个种类，即平面、曲面和自由面。

(1) 面的形态。面的形态无限丰富，一般概括为几何形、有机形、偶然形和不规则形。

几何形是用圆规、尺子等工具所做的规则形。规则形制作方便，也容易再复制。简单而规则的形，容易被人们识别、理解和记忆。

有机形代表着自然界有机体中存在的一种生气勃勃的旺盛生命力，形态是由自然中外力与物体内应力相抗衡作用形成的。

偶然形是应用特殊技法或材料在制作过程中意外获得的天然的形态，是提炼造型设计的一种有效方式。

不规则形是有意识地创造出的偶然形，它可以按照有计划的思维去表达，利用它可以创造出许多丰富的面来。

(2) 面的作用。以几何学法则构成的几何面形简洁而明快，并且具有数理秩序与机械的稳定感性格，体现出一种理性特征。几何形中最基本的是圆形、四边形和三角形。

圆形有饱满的视觉效果和运动、和谐的美感；

四边形有稳定的扩张感；

三角形则有简洁、突出、明确、向空间挑战的个性。

曲线构成的有机形具有内在的活力与温暖感。以徒手方式绘制的自由形，能流露出创作者的个性和情感。

偶然形是难以预料的形，它正好与几何形相反，是无法重复的不定形，但因为其不可复制性，赋予了它与众不同的设计魅力。

除了以上几种面形，我们常见的色调、肌理、轮廓也是构成面的表现因素之一，它们决定了面给人的感受，在设计中利用它们的不同变化，根据不同的场合有加减地对面进行变化和处理。

(3) 面的心理特征。

①积极形与消极形。我们以面的虚实与开放性作为分界线，可将面分为积极形与消极形。

积极形是以封闭的实体为特征，既有完整性又有统一形式的内部面，因此，画面充实而富于力度。消极形则是内部面形不充实或外轮廓未封闭的面，点和线的积聚就会产生消极的面。消极的面具有虚形而开放的性质，因此，在造型上有着更大变化的可能性。

②图与底的关系。由于物体的色彩、形状、材质、肌理等诸要素的不同，因此物体能显示出不同的视觉效果。一般在图形中，人们总是把一些相对主动并稳定的视觉要素归纳为图，而把一些处于被动并且分割状态能起到填充背景或空白作用的视觉要素称为底，因此图与底的关系成为构成的主要处理手法之一。

通常构成要素在下列几种条件下易于成图，能在构成中处于主动的位置：居于画面中心的形，处于水平或垂直方向的形，被四周包围的形，在画面中占面积相对小的形，群体化的形，色感和造型强烈的形，生活中熟悉的形。

③设计构图的条件。在面创造构成中，由于图底相互转换，有时会削弱图的视觉效果，所以在设计中要特别注意以下条件。面积变化在构图中占有大面积的易成为底，小面积的易成为图。

凹凸变化在构图中当两个设计面积大小接近时，凸形的部分为图，凹形的部分为底。

上下变化在构图中处于图面上半部分的易成为图，处于下半部分的易成为底。

对称变化在构成中对称的部分易成为图，非对称部分易成为底。

外轮廓变化在一个环境中，被外轮廓封合的部分易成为图，如果环境的轮廓复杂时，图底会发生转换，即图为底，底为图。

④图与底的反转。图与底的关系是构成中相辅相成的组成部分。由于底的衬托，图才得以显示充分。但在一定条件下图与底会产生相对性的转换。著名的《鲁宾之杯》非常经典地反映了它们的关系。

在图的框形中，我们看到的是一只黑色的杯子，但我们把黑色当底时，即看到两个白色人像，这就是图底反转。这说明，视觉成像不是一成不变的，在构成中，我们可以利用视觉转换所带来的动感使造型更加丰富多彩。

（4）面的错视现象。

①利用空间环境的大小不同，使同样大小的面在视觉感觉上产生出不同大小的感觉。

②当正四边形的直角垂直为90°时，中心容易产生外鼓的视觉感觉，因此在设计时应将边缘适当内收。

③当同样大小的两个面和不同明度的面同时并置时，明度与原有的面越接近时，在视觉上越容易显得大一些。

（5）面的构成方法。在进行面构成训练时要从基本形入手，这样对于画面内在联系秩序感的建立将会有很大的帮助，同时可为以后较为复杂的造型构成创造良好的设计条件。通常关于面的创造有两种简便的方式：

①合成面。将至少两种造型面合成在一起，从而产生新的造型面。

②切断面。在一个面积相对较大的面造型中，切去一部分，从而产生出新的面造型。

二、平面构成艺术的应用

（一）平面构成在建筑设计中的应用

建筑设计是指在建筑物的结构、空间、造型和功能等方面，满足一定的建造目的（包括人们对它的使用功能的要求、对它的视觉感受的要求）而进行的设计。成功的建筑设计往往引用许多平面构成的原理，并在建筑设计的实践中形成了相对完整的设计原则和法则。建筑设计需要将逻辑性及人们的信息需求与生理、心理的需求相结合，科学合理地运用解构、重构、异构等构成方法，进行建筑物的结构和空间的设计，并与周围所固有的空间关系保持和谐统一，满足人们对建筑构造、使用功能及形式美三者相统一的追求。平面构成的形式创造法则就为建筑这一需求提供了广阔的空间，其构成形态也使建筑形式变化万千。

（二）平面构成在景观设计中的应用

景观设计是建立在高质量城市生活空间设计的分支系统，它是一门建立在广泛的自然科学和人文艺术学科基础上的应用学科。景观设计学与建筑学、城市规划、环境艺术、市政工程设计等学科有紧密的联系。景观设计，作为一门独立的应用技术，已经远远超越了我们常规使用的“景观”的概念和范畴，成为人类塑造生活环境的艺术与工程的前提。它通过对土地及地上的物体（水、植物、铺装、建筑、小品等）和空间的合理科学安排，来创造安全、高效、健康、舒适、美丽的生活工作环境。

平面构成艺术是现代艺术中影响广泛的一种艺术形式，它对现代景观的形成具有重要的影响。平面构成是一种造型概念，也是现代造型设计用语，是以轮廓塑造形象，是将不同的基本形按照一定的规则在平面上组合成图案。平面构成艺术对于景观设计布局的形式法则有很大的借鉴与指导意义。我们可以把景观设计中的孤树、置石等单独存在的东西看作点，把景区路、绿化带等带状存在的东西看作线，把其他以块面状存在的东西看作面。将景观设计元素与平面构成元素相互转化，将复杂的景观要素简洁化、构成化，运用理性归纳法，组合构成平面或是立体的装饰形象。

（三）平面构成在室内设计中的应用

平面构成作为学习室内设计专业的基础课之其基本构成因素不仅仅是构成平面的基本因素也是构成室内环境的基本因素。虽然室内环境有立体空间性质，但三维构思的多数要在二维的建筑界面上实施。在这一领域平面性设计，必须以三维构思为出发点，并在空间的限制中完成。装饰装修是室内设计的重要内容，以装饰建筑为主要手段的装修，主要在室内围护界面、地面、天花板和建筑构件（门、窗、梁柱、楼梯等）的界面上进行，墙面分割的比例能有效地调节空间感受；空间感受：地面蜿蜒的线形有着空间引导作天花上点状的灯光以不同的排列方式营造出空间氛围，楼梯扶手则传达着某种造型的韵律和节奏，因此平面构成中的许多原理和方法可以在这里尽情发挥。

（四）平面构成在展示设计中的应用

展示设计在环境艺术设计中占有重要的一席之地。平面构成的原理在展示设计中的应用也十分广泛。商业橱窗必须在有限的空间之中经营，挖掘、提炼出商品潜在的形式美要素，并予以发挥，以超现实手法引发想象，以材质肌理的对比强化产品的品质。背景的衬托、灯光的辉映可使商品焕发出强烈的形式美感和视觉冲击力，从而吸引视线，诱导消费心理。

展台、展架的陈设也可多方面借鉴平面构成的方法与原理。如展台、展架自身形态与比例的推敲，展品与背景的“图、底”关系，展品与展品之间的组合关系等均考验着设计师的平面造型能力。

（五）平面构成在平面设计制作上的应用

平面设计这个术语出于英文“graphic”，在现代平面设计形成前，这个术语泛指各种通过印刷方式形成的平面艺术形式。因此，当时这个词是与“艺术”连用的，统称为“Graphic design”。平面设计的定义泛指其有艺术性和专业性，以“视觉”作为沟通和表现的方式。通过多种方式来创造和结合符号、图片和文字，借此做出用来传达想法或信息的视觉表现。平面设计师可能会利用字体排印、视觉艺术、版面（page layout）等方面的专业技巧，来达成创作计划的目的。平面设计通常可指制作（设计）时的过程，以及最后完成的作品。平面构成在平面设计上的应用数不胜数，比如网页设计、书籍装帧设计、版式设计、标志设计、图案设计、CI 设计、包装设计、海报设计等，只是与视觉有关的，一切以平面的效果呈现与观众见面的设计，都会用到平面构成原理。但实际上，平面设计既能单独存在于一种设计环境下成为一门独立的专业分支，也可以成为其他艺术设计专业分支的基础，这也是为什么艺术设计学科的专业与专业之间具有共同性的特点，因为其来源是这些学科所使用的定理与原则都是从一个源头开始的，那就是平面构成原理。

(六) 平面构成在视觉传达中的应用

平面构成在现代艺术设计的诸多领域，尤其在视觉传达设计的基础教学中，已经成为一个必不可少的重要组成部分。视觉传达设计经历了商业美术、工艺美术、印刷美术设计、装潢设计、平面设计等几大阶段的演变，最终成为以视觉媒介为载体，利用视觉符号表现并传递各种信息的设计。设计师是信息的发送者，传达对象是信息的接受者。

平面构成作为视觉传达设计的基础门类之一，是视觉元素在二维的平面上，按照美的视觉效果，力学的原理，进行编排和组合，它是以理性和逻辑推理来创造形象的，研究形象与形象之间排列的方法，是理性和感性相结合的产物，是实际设计之前必须要会运用的视觉艺术语言。

平面构成对训练培养各种熟练的构成技巧和表现方法，培养审美观及美的修养，提高创作活动和造型能力，活跃思维，具有非常重要的作用。

(七) 平面构成在服装设计中的应用

服装是人类文明的产物，从一开始就与人类社会的经济、政治、文化发展密切联系在一起。每一件服装都不同程度地反映出这件服装所处的时代的特征，反映出当时的科技水平、地理特征、风土人情、宗教信仰，也反映出民族、文化和个性的指标随着生活水平的提高，人们也更注意通过服装展示自我，展示生活情趣，从而使服装越来越受到社会的重视。

服装设计是根据设计对象的要求进行构思，并绘制出效果图和平面图，再根据图纸选面料、定花色进行制作，最终完成设计。它是一种特殊的造型艺术，它以款式、面料、色彩三要素构成了一种特殊的艺术语言，是艺术与技术、美学与科学的结合体。

平面构成是具有共性的设计语言，作为服装设计基础，在设计中被广泛应用。平面构成元素与法则的融入，大大地拓展了服装设计艺术的视觉审美领域，丰富了设计思维及表现手段，是对传统服装设计理念所进行的革新与发展，特别是在服装面料的设计中，纹样构思采用了渐变、重复、密集、肌理等构成形式，运用均衡、对称、调和、对比、统一和节奏等形式美感法则，以达到各个构成元素之间的协调统一，从而将服装设计的理念体现于现代科技美学之中，以满足人们的需求。

（八）平面构成在工业造型设计中的应用

在工业产品设计中，一般说美学法则是指形式美的规律，是指造型元素依照整齐、对称、均衡、比例、和谐、多样统一等手段构成形式美的规律。现代工业造型设计在更多的层面上应用这一规律，不仅获得产品形态、式样、色调的统一与和谐，还取得了高科技的功能美，先进制造手段的工艺美，符合人体机能的舒适美，追求时代精神的新颖美。

为了适应工业产品的大批量生产，简洁的造型就成了现代工业造型的重要特征。现代工业产品，就其造型来说几乎都是抽象的几何形体。所以，平面构成的造型原理在工业造型设计中也被广泛应用。

在工业产品的设计中运用平面构成肌理的表现形式可以设计出新颖美观的产品。材料的质地美是现代化生产工艺水平的体现。现代工业生产要求产量高、成本低、耗时少，便于批量生产，这就必然促使设计师发掘材料的质地美，科技的发展也提供了更多的新材料、新工艺、使各种材料越来越充分地显示出优良的质感，如各种合金材料应用到工业产品的表面，会产生平整、细腻、光滑的感觉，以及塑料的色泽、玻璃的透明质感等。这些材料使用得当往往能大大提高产品的外形美观程度。

第三节　数字化视角下的数字构成艺术

一、平面构成与电脑技术的关系

平面构成的方式方法潜移默化地影响着现代设计，我们可以从诸多譬如服装设计、首饰设计、室内装潢设计、环境艺术设计、平面设计、广告设计、工业造型设计、动画设计等方面看到平面构成的踪影。

平面构成的构成方式与手段无疑为我们今天乃至未来的艺术设计带来无尽的想象空间，使我们的设计生活更加美丽，多姿多彩。可如今随着网络化的到来，现代数字化信息时代也逐渐代替简单、烦琐、重复性劳作，电脑作为艺术设计的另一种强有力的表现工具无法抗拒地登上历史的舞台，它能把人们从日益繁重的工作中解放出来，也能创造出人类手工无法企及的艺术效果。

不过，面对电脑这样一个新工具，我们应该保持一份理智的心态，不可因为电脑的简单操作而失掉坚韧和琢磨、精致的艺术家品质，而盲目地学会懒惰与粗糙。电脑技术显然不是万能的，平面构成不是单纯以技术为目的的活动，它还是一个通过手工劳动创造出科学定理的艺术方法，即使理性的，也是艺术的产物，在手工的制作环节中可以启发和开拓我们的思维，磨炼我们的意志，培养我们坚韧的性格。当然电脑技术可以帮助我们做一些探索，可以协助我们对平面构成进行研究和开发，这才是我们使用电脑的目的。

二、数字构成技术

平面构成作品可以用计算机辅助设计软件来完成，比如：AutoCAD、3DMax、coreldraw、photoshop、illustrator 等平面类型的设计软件。根据这些软件的简单操作便可实现我们日常无法达到的烦琐的平面构成艺术效果。

（一）AutoCAD

设计人员在学习的前期，其艺术水平及文化修养良莠不齐，需要进行思维转换训练。最困难的转换过程即从一般人所具有的逻辑思维转换到设计所需要的形象思维上。在这一训练过程中，有的人能较快领会适应且思路正确，有的人则需要较长时间来完成，因此，加强这方面的训练，加强艺术修养课，提高设计者对形态的理解和表达能力的提高非常重要。

现行的手工操作在一定程度上可以培训设计者的动手能力以及对手工绘制工具的熟练掌握，但是也存在着一定的局限性。由于手工制作的费时性，造成工作时间较长，一部分设计者把精力放在了画面的精工细作上，忽略了对造型的研究与探讨，作品一旦制作完成，又较难改动，容易造成一定的遗憾。电脑美术辅助构成模式与之相比，最大的优点就在于节省制作时间，扩大研究范围，能有效地把学习的重点放在思维训练与造型训练上，而这正是构成艺术研究的宗旨所在。AutoCAD 作为设计专业设计人员必修的绘图软件，具有强大的绘图功能。采用 AutoCAD 来辅助平面构成学习，不仅快捷准确，而且可以画出手工绘制难以得到的图形，更重要的是，可以在制作过程中通过复制、镜像、旋转等命令反复寻求变化和组合方式，从而达到最佳设计效果。

（二）3DMax

3DMax 同样具有强大的功能，在平面构成中发挥着举足轻重的作用。从一般意义上讲，3DMax 主要是针对三维空间图形的绘制和操作，但在构成中，它是一项必要的软件。例如，在平面版式或构成中需要有某件产品的效果图，才能体现更加完美的视觉效果，在这种情况下，就可以用 3DMax 完成，并能使图面产生真实效果。

（三）Photoshop

Photoshop 最大的优势为快捷的填充、灵活的色彩更换方式，它能在平面构成中发挥着独特的作用，如熟练掌握 Photoshop 的使用方法，在画面的制作上可以大大提高工作效率，避免很多手工操作过程中所出现的造型不准等问题，并可衍生出多个方案，便于比较，提高训练的效率。

当然，在表现手段上，电脑和手绘并没有高下之分，在科技高度发达的今天，先进的工具为我们提供了更多的选择，电脑仅仅是一种先进的工具而已，因为再先进的电脑也要靠人来操作。其实，平面构成无论用手绘还是用电脑制作最终都是为了表达出我们的形象构思和创意，而平面构成设计要解决的最根本问题就是要提高形象的构思能力和培养创造力。

（四）CorelDRAW

CorelDRAW 软件是矢量编辑的计算机辅助设计软件之一，制作和编辑的文件不会因像素的问题而产生模糊不清的效果，该软件比较适合于平面构成的计算机制作和学习。我们安装好 CorelDRAW 软件后，打开界面会自动默认为 A4 幅面大小页面，然后我们先要熟悉工具栏中的平面构成练习中的常用工具，如选择移动工具，几何形工具、多边形工具、调和工具、造型工具、对齐与分布以及变换工具等。

以重复构成为例讲解其操作步骤和方法。我们打开软件，软件中间有一个矩形的画框，这就是画板，注意大家在画板上制作，如果绘制在画板以外就不能正确地打印出来，也不能及时准确地找到，不利于方便快捷地使用。我们最左边工具栏上的多边形工具，它会显示出里面含有的其他工具，我们选择格子形状的工具：图纸工具，点到这个命令后，这时电脑软件上端的横向状态栏上便出现了一些数值，我们把状态栏上的数值竖行与横行都输入 15 然后回车，先按住 Ctrl，然后在画板的左边选好合适的位置点一下起笔，记住，此时左手按住 Ctrl 键不能松开，等待画完之后才可以放手，否则，将不是正方形的格子图案了。拖动鼠标到一定的程度就能得到一个横竖 15 个格子的正方形方格图，然后就可以把编辑的单元形放在一个个格子里，单元形可以随意用几何画图的工具中选择图形，也可以在图形工具中选择更多丰富的图形，然后对这些图形进行复制，粘贴，最后进行调整，进行对齐与分布的命令，就可以作出一幅简单的重复构成的作品。如果还想做的构成练习复杂化，就必须熟悉软件的功能与技巧，因为单元形的创作与排列模式产生差异变化才能做出更多花样，给人一种律动炫目的视觉效果。

（五）Adobe illustrator

Illustrator 是国际知名 IT 厂商 Adobe 公司开发的一款非常优秀的矢量绘图软件。它的功能十分强大，不仅可以进行基本的图形制作，还具有功能强大的效果以及文本处理功能。该软件工作界面紧凑而灵活、集成化程度高、功能强大，不仅得到了设计师们的青睐，也为广大的美术爱好者所钟爱，使用它来制作商标、海报、宣传册以及具有相当专业水准的插画等；如果与 Photoshop 配合使用，可以创造叹为观止的图像效果。

Illustrator 软件引领着当今印刷、多媒体以及 Web 页面制作领域的世界发展潮流，通过 Illustrator 软件，读者可以将创意梦想转化为现实，体现得淋漓尽致。Illustrator 由 CS 版本升级为 CS2 版本，CS 是 Creative Suite 首字母的缩写，它与 Adobe Photoshop、AdobeInDesign 等具有一致的工作环境和良好的兼容性，令 Illustrator 在矢量软件中显得更加卓越。

第十章　平面设计艺术的应用实践

平面设计在当今社会有非常重要的作用，人们的家居设置、办公楼设计、展览馆布置都需要平面设计的加入，以提升艺术性和人文性。了解了平面设计的基本概念、发展演变及艺术要素之后，这里就平面艺术设计的应用做简单的介绍和分析。

第一节　书籍装帧设计的应用实践

一、书籍装帧设计的要素

书籍设计是通过文字、图形、色彩。素材等要素对书籍进行整体把握来实现的. 为了达到形式与内容的完美统一，要对文字处理、图像表现、色彩构成、素材把握等因素进行协调，使书籍完整和谐地呈现在读者面前。

(一) 字体形式处理

在书籍设计中字体的选择与设计是非常重要的，它可以影响书籍的优劣，所以设计者需要根据书籍的内容与形式风格选择或设计恰当的字体，字体的形式可以体现出个性特征及风格气质特征，另外，编排的位置不同，字体所传送的视觉效果，视觉信息也不尽相同；尤其是书籍封面的设计，对字体的选择与设计更加重要，字体运用能够直接反映书籍的内容属性，让读者快速而准确地识别。

一本书从里到外需要运用多种字体，才能产生视觉的变化和对不同项目进行区分，在阅读时才能有序，使阅读产生快感而不会疲劳。

封面所运用的字体除了选择恰当的字体外，笔画也要清晰醒目，容易识别，具有可读性，不要选择不容易读懂的字体。随着历史的发展，字体也跟随历史而演变，像大篆、小篆、钟鼎文现在只成为书法家的专用，广大群众对其认识的很少；草书、行书、繁体字对于现代大多数人来说，识别率也很低；现代创意的字体，也要注意它的识别性，不要只注重它的形式美感，而忽视了传递信息的功能性。这样的书籍封面起不到其应有的作用，会影响书籍与读者的交流及在市场上的流通。

标题字体的选择要与内容的性质。格调相协调，字体要比正文有力、强烈，具有提示读者阅读的功能。标题是有层次的，主标题与副标题、每一段落的标题都要分别考虑不同字体；标题字体的大小可根据设计者对书籍内容的理解和设计风格而定，要考虑阅读的节奏；在设计形式上要整体把握书籍的标题与正文及封面等其他部位的协调统一。

正文排版的字体要清晰、典雅，秀美，一般选择宋体，无论字号的大小都要有很好的阅读性，在30厘米可视范围必须字体清晰，阅读时不至于使视觉产生疲劳。

页码的字体虽然小，但它也是版面不可忽视的一部分，它可以调节版面的气氛，由于字号大小不一样、字体不一样会产生不同的版式效果，或者活跃或者严谨，在艺术设计形式上也有不同的趣味性。但是页码字体的选择与设计不宜太复杂，在阅读中不能超过标题的视觉传达顺序。

书籍封面的字体既具有可阅读性功能，又具有装饰性功能，既然有装饰性功能就应该表现出它的形式美感。

（二）图像表达

书籍装帧的设计者应该将图像传播功能发挥至恰到好处。图像既是文字内容的说明者又是自身独立的传播者，作为形式构成重要组成部分和形式审美的图像，如果和书籍的整体风格相协调相统一，就更能体现其自身存在的审美价值。绝不能把图像作为独立形式去创作，它的语言形式是书籍的一个部分，不是把一幅绘画或一幅摄影放到里面就行了，它们是有机统一的整体。

图像作为书籍装帧设计的一个元素，应该整体考虑，把握图像在书籍中的视觉秩序和视觉感受。所谓视觉秩序，是指从封面到翻开书再到封底，图像在其中起的作用是不一样的，从主到辅、从前到后是有视觉层次的，一定不能给人秩序的混乱感。所谓视觉感受，是指从封面到书内配图，虽然是统一的格调，但视觉感受应该有区别，由于它们所处的位置不同，功能属性不同，所要采用的图像视觉感受也就不同。

(三) 色彩表达

从色彩视觉原理上讲，色彩刺激大脑皮层是很强烈的，视觉传播的速度比文字和图像都要快。色彩从视觉意义上讲是书籍装帧设计的第一要素，当读者走进书店需要购买书的时候，首先传递来的视觉信息就是书的色彩，根据色彩的吸收判断书的属性，再识别书的名称、书的内容。

书籍的色彩，必须符合各种不同书籍的属性特征。书籍约有几大类：文艺类、文史类、科普类、少儿类、工具书类、生活类等，它们所需要的色彩表达各有不同，文艺类色彩浪漫，文史类色彩古朴，科普类色彩理性、探索，少儿类色彩天真、充满阳光和希望，工具书类色彩沉稳而单纯，生活类色彩跳跃、活泼，所以什么类型的书籍应赋予其什么样的色彩。这是书籍装帧设计的普遍规律。当然，任何普遍规律都有它的特殊性，随着时代的变化人们对事物的认识也会有新发现，审美的标准、判断事物的标准也有多元化的趋向，这对设计者提出了新的设计理念的挑战，也使书店书籍的色彩越来越丰富。

色彩作用于书籍有两方面的功用，一是传达书籍属性信息的作用，二是起到包装装饰的作用。两者兼顾不可分开，仅考虑一个方面，作为书籍设计都是失败的。

书籍装帧的色彩起着装饰的作用。在书籍设计中，色彩是抽象的因素，人们要通过想象来感受色彩在书籍中的象征含义。色彩在书籍中表达着不同的个性特征，体现出书籍的艺术魅力。色彩在书籍中的效果是通过构成形态表达的，即淡雅、高贵、庄重、艳丽等性格，这些色彩性格又启迪读者的艺术想象。有的色彩具有强烈的现代感，有的具有浓烈的民族感，有的带着悠悠远古的回声。

色彩是现代书籍装帧设计不可缺少的重要因素，设计者应该深刻理解色彩的性质、色彩的构成创造和对色彩在应用过程中的丰富联想，把握征象寓意的准确性，开拓色彩的创意，使书籍的内容与色彩的形式完美统一地结合，升华书籍的内涵。

(四) 材料的应用

书籍材料的运用与设计从古到今都是书籍装帧设计的重要艺术手段之一，它不仅仅体现形式美感，而且体现书籍的属性和品位。

书籍装帧设计可选择的材料越来越多，仅纸张的种类就数不胜数，具有各种肌理效果、各种颜色，可利用不同色泽、质地、肌理的特种纸来开阔书籍的设计空间。现代的书籍越来越趋向重视材料的质地，因为材料本身也是形象。运用各种涂料纸、布纹纸、塑料、棉麻、丝绸等各种材料，体现出不同的质感和不同的肌理，把它们协调地运用在书籍设计中会体现出不同的性格。在书籍设计中没有材料的高低，只有运用的高低，任何一本书籍装帧设计的成功，与材料的正确选用是分不开的，正确的材料能够传递出文化的信息属性，显示出不凡的品质。

(五) 整体思考

内容与形式构成了书籍的整体，书籍装帧设计在从属于书籍内容的同时又具有自己独立的艺术语言。

任何一个优秀的设计，其整体感对于体现审美价值都是非常重要的。整体是由每一个部分组成的，所以每一个细小部分的设计既要认真细致地考虑，又要摆正它在整体中的位置和作用关系，不能各唱各的调。即便是每一个细节都很精细，如果不符合整体，这样的细致也是没有意义的，细节一定要在整体统一的基础上实现它们各自的价值。

书籍装帧设计更注重加强整体观念。书籍与人的关系呈动态，书在书架上和人的关系是距离观之，当书被拿在手上时，书籍的整体与细节便在手中流动与转换，封面，书脊，把书翻过来看封底，每一个细节都呈现在眼前，图案、文字、书号、定价等都看得非常清楚。当翻看书的每一页时，不断看到如护封、内封、环衬、扉页、正文等一系列构成书籍整体的元素，会产生视觉的连续感，造成连续的心理感受，这就是整体的视觉效果，书籍装帧设计艺术不同于其他造型艺术的一大特点，就是供人一页一页地翻阅、在翻阅的过程中，人们对书籍产生了空间中的平面。平面中的空间立体概念，疏密有致的节奏感、韵律感、整体呼应关系等感受也是在翻阅中体会到的，所以在设计书籍时要在乎每一页，但又不能仅仅是每一页，应该将每一页看成整体中的一分子。设计者要将它们有重点有配合，有虚有实、整体统一安排，才能让读者阅读时有滋有味，提高阅读的兴致。

整体把握书籍的设计需要有一个整体策划。首先根据书籍的内容制定一个调子，也就是说采取什么样的风格形式，采用什么样的材料，采用几种材料进行配合，采用什么样的色调及色彩的对比，采用的字体形式，每一个局部的处理，各部位的尺度把握等都是相互有联系的，不是孤立存在的，哪怕它在书籍的任何一处画一个点或一条线，都和书籍的整体形式有关，都能改变书籍的设计风格。所以不要忽视每一个元素，不要忽视细小的东西，把每一个环节、每一个细小的东西都贯穿到整体策划之中，使设计语言既精练概括又变化丰富，达到完整统一的设计效果。

二、书籍装帧设计实例分析

杉浦康平，平面设计大师、书籍设计家、教育家、神户艺术工科大学教授、亚洲图像研究学者第一人，并多次策划有关亚洲文化的展览会、音乐会和书籍设计，以其独特的方法论将意识领域视觉形象化，对新一代创作者影响甚大，被誉为日本设计界的巨人，是国际设计界公认的信息设计的建筑师。

这位视觉大师从年轻时就患有弱视，两眼视力 0.1 以下，还带有乱视和钝视。就是这个有着视力缺陷的少年很多年以后获得德国莱比锡“世界最美的书”金奖，而这个带有理想主义名字的奖项是平面设计界最权威的荣誉。

至于他为何从建筑设计转到平面设计，他这样解释：“早年我在做建筑师时，不只是关注建筑的结构，甚至会设想房间墙纸的颜色。我体会到，音乐、建筑、绘画等都只是设计的一个方面，只有把这些方面都掌握好，才能让自己的手握成一个拳头，让自己的设计具有力量。所以，我还在不断学习。”

人们为杉浦康平富有前瞻性的设计智慧和无与伦比的专业精神所震撼，其严谨的科学性与东方的哲学思维相融合的设计理念已影响了几代日本设计者，并在东方诸国产生了积极的影响和连锁反应。近些年来他穿梭于东亚及南亚诸国，呼吁亚洲各国珍惜自身的传统文化，提倡21世纪亚洲文化走向世界的自强精神。

杉浦康平对东方的观相术，也就是从外观捕捉对象本质的“相”，有浓厚的兴趣，他让这种想法在日本季刊《银花》杂志封面上全面开花。在创刊已很多年的季刊《银花》的设计中，杉浦康平将杂志内容主题用图片和文字反映到封面设计上，用不同字体和字号来表现不同主题，使得几个主题在封面相遇，相映成趣。在1983年《银花》封面上，他采用了倾斜的文字与图片，让很多读者感到很奇怪。“倾斜的角度与地轴的倾斜角度相同，当年没有人知道这个秘密，”他笑着说，“我的设想是把这一客观存在的宇宙真理搬到杂志封面上，封面藏着宇宙的秘密，摇撼着读者的视觉。”同样是在《银花》的封面设计中，他尝试在有限的封面空间放上可读的文字，让读者用眼睛跟随封面上的文字，口中不自觉地念出声。幸运的是，当时与杉浦康平合作的编辑文字感悟力很强，能够提供给他内容优美流畅、读来朗朗上口的文章。“我想象着读者一拿到这本杂志就会把封面上的文字读出声的情景，这本杂志于是成为与声音相呼应的杂志。”

值得一提的还有杉浦康平设计的1975年《游》杂志八月号，这期杂志主题是反文学非文学。伊斯兰书法波纹流荡般的风格给他留下印象，他以此为灵感将杂志封面中的文字进行了处理。

《都市住宅》是一本探索宏观空间与微观空间的建筑杂志。杉浦康平在封面中尝试了微缩胶片一样的极限信息压缩，排列的文字极小，封面可以收录10000字，杉浦康平还尝试着将短篇小说直接变成封面。

第二节　标志设计的应用实践

一、标志设计的形式语言

(一) 重复

重复即反复出现，在形态构成中，由两个或数个形象反复排列构成的画面即为重复。

有规律的重复会改变原有的单体形象视觉感受，产生一种新的视觉形象，它可产生视觉的单纯、明快，节奏感和韵律美感情调，具有整齐、秩序的美，如同整齐的队列高度统一，富有强劲的节奏感，具有团结一致的团队精神。

（二）对比

对比是使不同的形态、色彩、质感、大小等要素组合起来，产生了对照，突出了各自的个性特征，使多种造型要素之间造成极大差异。

对比是艺术形式的重要手段，有了对比才能产生变化，才能有视觉的欣赏，对比产生了节奏与韵律，可以说视觉艺术形式是在对比中产生的。

（三）近似

它是非规律性的变动，是重复的轻度变异，形象近似，不完全一样，以这种形式构成的标志图形具有视觉的可读性，耐人寻味。

（四）变异

变异是在相同造型要素有规律、有秩序的基础上某局部突变，以打破其规律性，使得局部与周围不同并显得非常突出。

（五）渐变

渐变是一种有规律的循序律动的变化。它的形成主要是依靠图形大小有规则的变化，图形方向有规则的变化、图形色彩的明度或彩度有规则的变化等。渐变不仅能产生节奏和韵律，而且还能将两种不同性质的物体结合成一体，这种结合就是将一个物体逐渐变化成另一个物体，渐变成为两种物体相互演变形状的转换纽带。

渐变可以是一个因素，即单元渐变，还有两个、三个及三个以上的因素，即双元渐变、三元渐变或多元渐变。

在标志设计中运用渐变可以给人们传达出运动感和事物联系的互动感。

(六) 对称

对称是以中轴线为准向两边对映而形成的图形，对称具有庄重、稳定、严肃之感。

对称的形式有：左右对称、辐射对称、旋转对称。

(七) 均衡

均衡原指衡器。天平两端所承受的重量相等，在视觉设计中，均衡是一个图形的各个造型元素，如形状和大小、黑白和色彩、重心、多少与疏密等，在形与数上的均等或大致相等或不等的形状与数量。均衡是具有运动感的，不是静止的，所以是视觉中的相等而不是形状、数量的相等。如同秤盘与秤砣的关系，秤盘中物体大而秤砣小，但二者在一起的距离会产生平衡，所以均衡有两种形式：对称均衡和非对称均衡。

视觉均衡是图形构成中的气韵，气韵生动而贯通，就会产生视觉运动方向。运动相互呼应产生力的视觉体验，所以均衡充满了自由，活泼和运动的美感。

(八) 正负形

任何一个形状的出现，其周围都会产生与它相应的外形，也就是正形和负形。

“图”为正形，是实形，一般将实形涂上色彩；

“底”为负形，是虚形，就是实形周围的背景；

正形与负形两个形象是相反的形，负形因正形而存在。在平面设计中经常运用正负形的表现形式，可以使语言简练，收到一语多义的效果。

在创造正形的同时就要考虑负形的存在，一般负形包围正形，负形又在正形中体现，负形在正形内则更易体现，这样正形又可以成为负形的衬景，它们相互依衬，正负形相互避让，构成了有机的整体形象。

正负形反转给人的视觉带来互换的空间与形象，用于标志设计给人一种魔术般奇妙的视觉效果，一笔多形，妙不可言。

(九)共用形

共用形是在同一个图形中两个或多个造型元素共用同一个元素，构成完整图形的同时又形成单体图形结构的各自完整。例如，敦煌莫高窟藻井的三只兔子共用三只耳朵；四喜娃娃造型是两个娃娃共用一个肚子形成了四个娃娃的循环动作。从任何一个部分单体看都是一个完整的形象。

共用形图形中，被共用部分元素通常位于图形的中心，或是两个造型元素的中间，这样便于围绕共用。

共用形给人一种游戏性和趣味性，还有生生不息的寓意。

二、标志设计实例分析

(一)文字类标志设计应用实践

2007 年国际建筑教育大会的标志由肖勇设计。

国际建筑教育大会是在北京召开的国际会议。本次国际建筑教育大会以“建筑教育的特色与未来”为主题，会议探讨了建筑教育的多元化，规划出多重方向的教育方法，对建筑教育的发展方向展开探讨，希望呈现给与会者较为全面的具有不同特色的建筑教育面貌。大会主办方邀请世界各地的建筑教育者们加入进来，共同构想建筑教育的未来。会议的讨论既包含综合性的议题也有针对不同方面的分议题。

标志图形以英文的缩写“ICAE”和“2007”为视觉要素，体现国际化与时间概念，硬朗理性的图形形态诉说与建筑的关联以及用科学的态度探求建筑的教育之路。多彩的“2007”数字表现了建筑学发展的变化趋势，创造性地建立、发展、完善各具特色的建筑教育体系。

(二)数字类标志设计应用实践

2012 年伦敦奥运会会徽如图 10–1 所示。

图10-1　2012年伦敦奥运会会徽

2012年伦敦奥运会会徽设计个性化十足，与悉尼、希腊、北京奥运会会徽在视觉风格上有很大的差异，以往奥运标志注重本国文化和历史文脉诉求，而它抛弃地域性的视觉描述，以包容的态度，为世界特别是全世界的年轻人，提供了一个共同关注和交流的视觉焦点。

会徽由分别代表2012这4个阿拉伯数字的几何图形组成，其中在左上角代表2的几何图形上标有“伦敦”字样，在右上角代表0的几何图形上标有“奥运五环”标记，基本信息的传递无遗漏。

该会徽爽朗动感的数字图形，象征着“活力、现代与灵活”，反映了一个崭新的、丰富多彩的世界，是网络时代反射出来的视觉形象印记，会徽的多媒体演绎表达形式也时尚、潮流、新鲜。

(三) 综合类标志设计应用实践

第十一届全国运动会标志如图10-2所示。

图10-2　第十一届全国运动会标志

1. 项目概述

自1959年开始第一届的全国运动会迄今已经成功举办了13届，全运会是全国各族人民，各个省、市、自治区同台竞技，展现运动风采的全国性综合运动会。前面九次全国运动会，一直由北京、上海和广东三地轮流举办，从第十届全国运动会开始，改为了采用申办方式推选全运会承办单位的形式选择举办城市。2005年在江苏南京举办的第十届全国运动会的开幕式上，正式确认由山东省承办第十一届全国运动会（以下简称十一运会），该运动会的整体形象设计项目也由此拉开了序幕。

2007年11月18日晚，中华人民共和国第十一届运动会会徽正式公布，山东工艺美术学院视觉传达设计学院“十一运会会徽设计”小组设计的第一方案中标，并被定名为“和谐中华，活力山东”。

2. 会徽图形寓意

（1）会徽整体结构创意来源于中国古代文字小篆中繁体“中华”的“华”字，代表此次运动会是全中国人民的一次体育盛会。

（2）会徽由11个运动人形组成，其中造型语言借鉴中国传统吉祥饰物“四喜人”的手法，共用人形，巧妙地完成了11个运动人形的组合，在点明“第十一届”全国运动会的同时还具有吉祥美好的象征意义。

（3）会徽整体图形创意还融合了中国传统纹样“同心结”的概念，寓意此次全运会将是一次“团结、和谐、圆满”的体育盛会！

会徽设计方案在相对单纯元素基础上进行视觉的整合延伸，虽是多个单元的组合却将含义体现得更加集中，语言更加生动精练，形象更加现代，是大型运动会标志设计的一个新突破；会徽图形设计突出的特点是将山东文化与全运会宗旨融合一体，并不刻意强调地域和数字概念，而是宏观展示全国运动会的更高指向。同时，形象的突破也向全国乃至世界展现了一个具有深厚文化内涵，不断开放发展的新山东形象，展示了山东的活力和胸怀。运动人形和泉水喷涌的结合处理，给人热烈和激情的感受，让人们感受着十一运会这一盛会的理想氛围！

第三节　招贴海报设计的应用实践

一、招贴海报的创意

招贴海报是一种视觉传达的表现形式，要想使张贴在开放性公共场所的招贴版面在几秒钟之内让阅读者驻足欣赏，设计师就要做到既准确到位，又具有独特的版面创意。一张招贴海报往往涉及构思、构图，文字、图片处理以及色彩搭配、空间层次处理等一系列问题。设计师的任务就是要做到将这一切完美地布局在版面上，用恰如其分的诉求形式把信息传达给读者。

一般来说，商业性招贴海报在版面构成上，大致包括以下几种要素：

招贴海报的版面创意大致有两个方面：一是对主题的创意；另一个是对版面构成的创意。只有能将两者紧密地结合，才可能达到招贴海报表达的最佳境界，招贴海报的版面创意可以采用以下几种形式。

（一）幽默与诙谐

幽默是生活和艺术中的一种喜剧因素。抓住人或事物的某些善意性的特征，巧妙地运用喜剧性的表现手法，造成一种耐人寻味，引人发笑的版面风格，以此来发挥招贴海报的艺术魅力。

此外，运用文学构思的创作手法，使版面富于风趣与诙谐感，同样能够获得情趣生动的表现效果。这是国外招贴海报的典型创意特色。

（二）错位与求异

版面构成中的错位就是版面的创意编排改变了人们传统的视觉思维习惯，使版面乍看起来莫名其妙，形成一个新的视觉冲击力。错位作为一种逆向思维，对招贴海报形式的探讨、版面构成的活跃、特定内容的表达，起到了别开生面的创新开拓作用。

版面的求异，容易刺激人们产生感官上的兴奋，可以满足现代人的好奇心理、标新立异的心态和超前意识。

(三) 比喻与抒情

将要表现的对象用另外事物的类似点进行比喻，也就是以此物喻彼物，通过比喻，达到借题发挥的艺术效果。

抒情的手法有如文学中的散文诗，极富浪漫色彩，在广告中大有用武之地，并能收到雅俗共赏之效。

(四) 悬念与联想

在招贴海报中，有意制造悬念，故弄玄虚，可以造成一种猜疑和紧追下文的心理状态，以达到吸引观众仔细留意广告信息的功效。

联想是以情托物，以物寄情，由此及彼，举一反三，常能唤起人们的回忆与感想，从而引发思维上的共鸣。通过联想，加深对版面深远意境的理解。

二、电影招贴海报设计实例分析

在这个电影产业发达的时代，人们往往会在多个同期推出的电影中进行选择，选取一部进行观看，这时一个具备强烈视觉吸引力的电影海报对于人们的消费决断就能起到一定的引导作用。采用组合式的版面编排不失为一个理想的海报设计手法。如图 10-3 所示的电影招贴海报设计中运用了倾斜式和满版式的版面构图样式，这样的编排给人以强烈的视觉吸引。

图 10-3 《驯龙高手》电影招贴海报

从作品版面上分析，版面由卡通形态的龙与男孩构成了一个倾斜式的版面，呈现出一种不安定的动态感。将一幅完整的图像元素铺设为整个版面，并将相对较少的文字置于图形元素之上，赋予作品强烈的视觉表现力。

从图版率分析，这幅招贴设计是以图形为主要视觉传达元素的作品，利用组合式的版面处理方法，使图画产生引人注目的视觉效果，有效地引发了观者的探究心理，从而达到了宣传的目的。

第四节　包装设计的应用实践

一、包装设计的整体创意

包装设计虽然是属于平面设计科学范畴，但由于最终要通过工艺制作而呈现出立体形态，因而它又是多维空间的，所以设计者必须对包装设计的多种因素进行整体考虑，才能达到预期的设计效果。设计包装时需要整体把握以下要求：

(一) 材料要素

材料要素指对各种纸的性能及视觉效果的把握，如胶版纸、白板纸、铜版纸、牛皮纸、瓦楞纸、皱纹纸等；对玻璃、陶瓷、塑料、金属、木材、布料等性能及视觉效果的把握。

(二) 工艺制作要素

不同的材质性能决定了它们不同的工艺，形成了不同的包装形态和特征。工艺制作受材料性能的限制，在设计中要扬长避短，发挥材料自身的最大优势，以达到材料、工艺形态整体和谐。

(三) 形态要素

包装的形态可分为立方形、圆柱体形、圆锥体形和异形体。不同形态包装要与商品的特征性能相符合。当然，包装形态也需要新奇性，以引起消费者的兴趣，达到促进销售的目的。

(四) 文案要素

设计的字体必须要有可读性，要符合包装的内容，字号大小要有层次，先传达什么再传达什么要有秩序，文案要详细，说明产品的品牌、成分、功能、使用方法、出产地和贮存方法等。

(五) 色彩要素

色彩除了视觉传达速度最快外，还能准确地传达产品的属性及品质。

色彩能唤起人们的特殊情感，在商品包装设计中根据不同的受众设计不同的色彩，可引起人们对商品的兴趣和购买欲。

除了民族习惯，性别、年龄、职业、文化程度和阶层等对色彩有特定的理解与爱好外，人们对包装属性色彩同样存在着约定俗成的习惯色。例如，五金机械产品类包装色彩明度高，对比强烈；家用电器类包装色彩中性柔和；文教办公用品类包装色彩单纯朴素大方；医药类包装色彩冷色理性；女性化妆品包装色彩淡雅等。

当然，这只是一般的习惯，设计者应该有创新精神，不断打破俗成，创立具有个性的包装色彩领域。

(六) 图形要素

包装设计图形有两类，一类是直接表现包装内的物体形象，另一类是运用其他形象作为包装图形，如花饰图案、几何形等。

图形形式有具象图形和抽象图形，具象图形包括摄影、绘制 (绘画、漫画卡通、装饰画喷绘等)；抽象图形是运用点、线、面构成的具有节奏和韵律感的几何图形。

一个优秀的包装设计一定是将诸多要素整体来考虑的，只有整体的设计才能使每个要素发挥它独特的魅力，从而具有整体的艺术魅力。

二、包装设计实例分析

(一) 食品包装设计

市场上充满着琳琅满目的食品包装，其功用与设计特点要注重以下几点。首先，包装材料的选择要有针对性。熟食、鲜肉、蔬菜、糖果、各类调味品等包装材料的选用首先要做到避免由于变质原因而导致产品无法使用的情况发生，并便于携带。同时要注重包装材料的环保特性。其次，食品包装封面要醒目、准确、详细、清晰，便于消费者一目了然地了解产品的生产厂家、生产日期（批号）、保质期、规格、成分说明、净含量、烹调方法等。最后，整体图案、色彩及造型设计要围绕能够引起消费者食欲为首要目的展开，并突出其在同类商品中的独特性。

"Lolly Tools"看上去是汽车修理厂用的普通工具，实际上是一款新颖独特的食物包装设计，位于白色工具袋上的"汽车修理工具"是一根根水果口味的棒棒糖，而不同的颜色代表着不同的口味，别具一格。

（二）酒水包装设计

酒水的包装材料无外乎以下三种：玻璃材质、陶瓷材质和铝制易拉罐，三种材料各具特色。玻璃容器具有非常直观的视觉效果，消费者可以直接以酒的不同色泽来选择符合其喜好的产品。陶瓷材质整体造型稳重典雅，历史色彩浓厚，更具收藏品特性。铝制易拉罐的首要特点便是它的便携性，且不易假冒仿造。酒水包装的图案及文字造型设计由于针对人群不同而形态各异。普通的选用简洁明快、概括性较强且重点强调产品品牌形象的设计元素。针对年轻人群喜欢追求时尚元素的性格特点，产品的整体造型倾向于采用异型瓶，图案抽象化，色彩绚丽夺目，个性鲜明。而对于追求品位稳重、格调雅致的中年及老年的消费者，瓶身外包装的选择上需要更加考究。例如，精致的高档木盒外包装造型，古香古色且具有较强的地域文化色彩图案的纸制礼盒，等等。中国的酒文化博大精深，具有传统文化色彩的包装别具一格。

DIAGEO 公司委托 LINEA 设计机构为纪念 John Walker 设计了一件经典包装，John Walker 是 Jonnnie Walker 威士忌的品牌形象。为了展现人们对于 Johnnie Walker 品牌的忠诚，公司举行了 Johnnie Walker 品牌威士忌的限量版发布会。其特殊性在于独特的斜体印刷商标成为一种结构性设计整体，并结合了多面体的瓶身设计。Baccarat 水晶瓶身为纯手工吹制、打磨、抛光。在 Baccarat 水晶瓶塞下的瓶颈处采用 24 K 黄金装饰，并留有品牌名称 THE

John Walker。国际评审机构2010年在上海为LINEA设计机构设计的The John Walker限量版作品颁发了Pentawards奖杯。

第五节　平面设计艺术在室内设计中的应用

在概念上，现代室内环境设计不仅是建筑设计的深化与发展，也是一种周密的对现代生活的设计。这自然是一种理性与感性紧密结合的创作活动，也是一种富于想象力的艺术工程。从设计者对室内环境设计的理解来看，更多的是将三维空间体系内的形体放置于具体的空间环境中，进行统一的安排，因此，平面构成中二维平面性质的形体在其间的应用，较多地受三维空间的制约。

平面构成在室内发设计中的应用，主要包括两个层面：一是对平面的点、线、面的性质进行立体空间的理解和认识；二是通过点与点、点与线、点与面、线与面等形体的对比、调和、重叠、分割的造型手段，增加三维空间的丰富性、趣味性、空间延伸性和空间扩展性。在环境设计中可以利用“重复”的视觉效果，结合背景、照明等多种环境因素，在三维空间内充分发挥构成艺术的魔力。

室内环境设计是一门综合艺术，在利用平面构成的原理方面，更应该考虑形体的构成风格和室内环境形式的统一性以及光线、色彩、材质等因素，只有整体的统筹安排才能使室内环境达到完美与和谐。

一、形式畅想

平面设计元素在室内空间中视觉传达力的强弱，是通过对平面设计元素的组织、编排能力得以体现，这也正是本文一直强调的平面设计参与到创造室内视觉环境的重要之所在。图形、文字、色彩等视觉要素，只有通过平面设计对秩序的把握、相互间关系的安排和组织，才能达到展现形式美的视觉形象，并且可以通过平面设计元素之间的和谐之美，将室内空间的内在意义和情感迅捷地传递给受众。因此，形式美的展现并不局限于表面的视觉形式，而是通过对于形式美的营造，准确地传达室内空间所要人们感知的信息，强空间环境的视觉形象，从而加深记忆并唤起人们情感呼应。本节通过对平面设计元素在室内空间构成的形式美的规律的总结，在了解各种形式的特征和表现力的基础上，着重把握形式美的规律在室内空间环境中的应用方法，从而创造出合理、协调、丰富的室内空间视觉景观，甚至可以达到“瞬间注目”的视觉效果。

二、技术演绎

平面设计元素在室内空间中的应用不仅是在形式构成上的寻求变化，更要结合不同材料、不同媒体，将技术的力量运用到艺术的创作中，来实现视觉艺术表现的突破。

人类对于技术的发明的脚步从未中断过，技术的进步为社会带来了天翻地覆的变化。技术贯穿了平面设计元素在室内空间中应用的过程，并且平面设计元素也表现出对于技术多样化的要求。新技术的应用不仅可以带来表现方式的变化，创造更加新颖的视觉效果，更可以促进新的艺术语言的出现。新技术的应用可以推进平面设计与室内设计相互结合与渗透的广度与深度。

平面设计元素在室内空间中应用受到多种物质因素的影响，视觉媒介作为平面设计元素的物质承载和传播工具，随着时代的变化、技术的进步更新变换着。广泛应用不同的视觉媒介，适应特定的空间环境，为平面设计元素在空间中创造更理想的视觉效果提供可能。每种视觉媒介都有自己的功能特征，只有根据不同的空间环境、主题内容，适时地应用视觉媒介，才能体现其独特的审美，并能提升室内空间中的平面设计元素的表现品质，使平面设计元素在空间中的存在更合理，创造出具有一定风格的协调的视觉效果。

三、平面特色的强化与平面维度的突破

平面设计元素在室内空间环境里如何能形成瞬间注目的视觉效果，可以通过平面特色的强化和维度的突破，寻求被视觉主动关注的视觉效果。平面设计元素往往是静态的呈现方式，但是在空间中尽管它自身是静止的状态，但是通过人视线的移动、位置的变化，空间中的平面设计元素随时都在

运动着，因此空间中的平面设计元素的应用要考虑到位置的变幻，对于观看形式的影响，需要以全面的审视空间中每一个角度的视觉效果。利用人在空间中不断变化的视点，给予变幻丰富的视觉效果，可以更为有效地传递信息。

四、“表皮”语言的启示

表皮，主要是指作为建筑内部与外部的过渡介质，是位于建筑物与城市之间，为建筑提供保护并创造隐私空间，它的美化作用尤为突出，在文化功能上也同样重要。建筑表皮在力学上对建筑不起支撑作用，与承重结构是分离的，是一种幕帘，就像建筑的包装一样。建筑表皮的出现由于现代主义主张建筑外观应当反映其内在生活方式，应该是功能与形式的统一。近年来，随着新型材料技术、新理念的发展，建筑表皮逐渐从建筑脱离，建筑表皮通过它将它背后的空间隐藏起来，以若隐若现的视觉效果吸引人们注意。

参考文献

[1] 傅毅，韩丽萍.室内设计中形式美学的体现[J].河南科技，2013(01)：153.
[2] 吴晓燕.室内设计中的形式美法则[J].艺海，2011(07)：109-110.
[3] 蔡琴鹤.平面构成[M].上海：东华大学出版社，2006.
[4] 郭剑.平面构成视角对现代室内空间界面设计解析[J].设计，2017(17)：31-33.
[5] 罗丽玲.关于平面构成的原理分析[J].中国包装工业，2015(10)：64-66.
[6] 胡凯.点、线、面的平面构成在室内设计中的应用[J].大众文艺，2017(11)：92.
[7] 郭剑.平面构成方法在室内界面元素构成中的转化[J].美术教育研究，2014(13)：75.
[8] 潘景果，姚玉娟.构成艺术与室内设计[J].郑州经济管理干部学院学报，2003(03)：91-92.
[9] 郝妍.符号在室内设计中的运用[D].青岛：青岛大学，2007.
[10] 黄英杰构成艺术[M].济南：同济大学出版社，2004.
[11] 陈敬良.谈平面构成设计[J].湖南包装，2003(02)：16-17.
[12] 王章旺.设计构成基础[M].北京：机械工业出版社，2009.
[13] 范涛.室内构成[M].北京：化学工业出版社，2007.
[14] 张书鸿.室内设计概论[M].武汉：华中科技大学出版社，2007.
[15] 戴志中，李海乐，任智劼.建筑创作构思解析[M].北京：中国计划出版社，2006.
[16] 陆震纬，来增祥.室内设计原理[M].北京：中国建筑工业出版社，2004.

[17] （英）西蒙·贝尔．景观的视觉设计要素 [M]. 北京：中国建筑工业出版社，2004.

[18] （美）巴里·A. 伯克斯．艺术与建筑 [M]. 北京：中国建筑工业出版社，2003.

[19] （俄罗斯）康定斯基．康定斯基论点线面 [M]. 北京：中国人民大学出版社，2003.

[20] 余莹，任远．三大构成在室内设计中的应用 [J]. 装饰，2004（02）：80.

[21] 杨国平，邹正洪．构图学 [M]. 长沙：湖南美术出版社，2004.

[22] 黄英杰．构成艺术 [M]. 济南：同济大学出版社，2004.

[23] 尼跃红．室内设计形式语言 [M]. 北京：高等教育出版社，2003.

[24] （西）奥罗拉·奎特．极少主义室内设计 [M]. 北京：知识产权出版社，2002.

[25] 吕晓庆．当今国际室内设计流行元素分析 [D]. 无锡：江南大学，2015.

[26] 陈静．以人为本的室内设计 [D]. 青岛：青岛大学，2013.

[27] 刘波．线在室内设计中的特性及运用 [D]. 青岛：青岛大学，2013.

[28] 王叶．室内设计教学数字化应用研究 [D]. 北京：北京工业大学，2012.

[29] 李泰艳．可持续发展观影响下的绿色室内设计研究 [D]. 延边：延边大学，2012.

[30] 杲晓东．室内设计的本原性研究 [D]. 长沙：中南林业科技大学，2010.

[31] 谭仁萍．生活方式与室内设计关系的研究 [D]. 长沙：中南林业科技大学，2009.

[32] 夏永琳．当代地域性室内设计的研究 [D]. 长沙：中南林业科技大学，2008.

[33] 周静海．中国当代室内设计理论发展制约因素的研究 [D]. 南昌：江西师范大学，2011.

[34] 李悦．空间设计的平面语言表达研究 [D]. 北京：中央美术学院，

2014.

[35] 刘传志 . 形态构成在室内设计中的应用研究 [D]. 合肥：合肥工业大学，2013.

[36] 范素芳 . 室内设计的色彩应用 [D]. 景德镇：景德镇陶瓷学院，2010.

[37] 英浩 . 形态与室内设计 [D]. 沈阳：沈阳理工大学，2009.

[38] 曾莹莹 . 平面构成在现代景观设计中的应用探讨 [D]. 南京：南京林业大学，2008.

[39] 张翼明 . 点线面美学与景观设计 [D]. 福州：福建农林大学，2007.

[40] 胡海晓 . 从构成的角度解读室内设计 [D]. 福州：西南交通大学，2006.

[41] 郑永莉 . 平面构成在现代景观设计中的应用研究 [D]. 哈尔滨：东北林业大学，2005.

[42] 郑楠，王小琦，李东升 . 构成艺术在室内设计中的运用 [J]. 科技与创新，2015(04)：226-227.

[43] 范璇 . 立体构成与当代室内设计 [J]. 中国包装工业，2014 (22)：56.

[44] 庄财川 . 立体构成在室内设计中的运用 [J]. 美术教育研究，2014 (20)：98.

[45] 郭剑 . 平面构成方法在室内界面元素构成中的转化 [J]. 美术教育研究，2014(13)：75.

[46] 廖夏妍，费怡敏 . 浅谈人体工程学在室内设计中的重要应用 [J]. 艺术科技，2014(02)：324.

[47] 郭媛媛，冼宁 . 浅谈三大构成在室内设计中的应用 [J]. 河南科技，2013(01)：155.

[48] 刘文 . 浅析重复构成在室内设计中的使用 [J]. 电影评介，2011(19)：101-102.

[49] 吴世丽 . 浅谈色彩构成在室内设计中的重要性 [J]. 工业设计，2011(06)：150.

[50] 彭娟 . 浅谈点、线、面在室内空间设计中的运用 [J]. 大众文艺，

2011(02)：89-90.

[51] 龚宁，薛青．论平面构成要素在室内设计中的运用[J]. 美术大观，2010(07)：109.

[52] 郭丽敏．构成主义理念在室内空间设计中的应用[D]. 景德镇：景德镇陶瓷学院，2015.

[53] 刘传志．形态构成在室内设计中的应用研究[D]. 合肥：合肥工业大学，2013.

[54] 段奇娇．平面构成元素及手法在室内设计中的应用分析[D]. 长春：东北师范大学，2010.

[55] 范素芳．室内设计的色彩应用[D]. 景德镇：景德镇陶瓷学院，2010.

[56] 史华艳．点线面视觉元素在室内设计中的应用[D]. 长春：吉林大学，2011.

[57] 向晓航．论室内空间设计的文化内涵[D]. 长沙：湖南师范大学，2010.

[58] 廖夏妍．室内主题空间设计方法的研究与思考[D]. 成都：西南交通大学，2008.

[59] 李琦．室内空间中的界面设计手法[D]. 天津：天津大学，2007.

[60] 胡海晓．从构成的角度解读室内设计[D]. 成都：西南交通大学，2006.

[61] 齐伟民．室内设计发展史[M]. 合肥：安徽科学技术出版社，2004.

[62] 宋丹．中国传统室内设计的现代呈现[D]. 北京：中央美术学院，2007.

[63] 刘晓东．室内设计快速表现理论研究与应用[D]. 上海：东华大学，2005.

[64] 陈波.21世纪室内设计的走向[D]. 武汉：武汉理工大学，2005.

[65] 黄艳丽．中国当代室内设计中对传统文化传承方式的研究[D]. 长沙：中南林学院，2005.

[66] 王峰．室内空间绿化设计研究[D]. 石家庄：河北师范大学，2015.

[67] 潘雯．论绿化在室内环境中的应用[D]. 长春：东北师范大学，

2014.

[68] 白娇娇 . 基于环保理念的室内绿化设计研究 [D]. 青岛：青岛理工大学，2012.

[69] 闫玉洁 . 观赏植物在室内景观设计中的应用研究 [D]. 石家庄：河北农业大学，2010.

[70] 史华艳 . 点线面视觉元素在室内设计中的应用 [D]. 长春：吉林大学，2011.

[71] 常禾春 . 设计心理学在室内设计中的应用 [J]. 绿色环保建材，2017(09)：56-58.

[72] 朱冰，刘华文 . 现代理念下室内设计探究——评《室内设计原理》[J]. 中国教育学刊，2017(09)：123-134.

[73] 陈文彬 . 浅谈地域文化在室内设计中的应用 [J]. 济南职业学院学报，2017(04)：66-68.